바이안의
심플 키토 테이블

바이안의 심플 키토 테이블

초판 1쇄 2020년 6월 26일 펴냄

지은이 안혜진
펴낸이 김성실
책임편집 김성은
사진 안혜진
표지디자인 이창욱
도움주신 곳 매일유업, 전국한우협회, 한우자조금관리위원회, 한돈자조금관리위원회
제작 한영문화사

펴낸곳 윈타임즈 **등록** 제313-2012-50호(2012. 2. 21)
주소 03985 서울시 마포구 연희로 19-1 4층
전화 02)322-5463 **팩스** 02)325-5607
전자우편 sidaebooks@daum.net

ISBN 979-11-88471-17-1 (13590)

잘못된 책은 구입하신 곳에서 바꾸어 드립니다.

이 도서는 국립중앙도서관 출판예정도서목록(CIP)은
서지정보유통지원시스템 홈페이지(http://seoji.nl.go.kr)와
국가자료종합목록시스템(http://www.nl.go.kr/kolisnet)에서 이용하실 수 있습니다.
(CIP제어번호: CIP2020022040)

바이안의
심플 키토 테이블

안혜진(바이안) 지음

꼭 확인하세요!

QR 코드로 저자의 유튜브 영상을 확인할 수 있습니다.

유튜브는 미리 제작하여 재료와 레시피 등 책과 약간의 차이가 있을 수 있습니다.

요리 중 궁금한 내용은 댓글과 답글로 확인할 수 있습니다.

영양정보는 가니시와 에리스리톨(당알콜)을 제외한 순수 재료만을 넣었고 소수점 둘째 자리까지입니다.

칼로리를 제외한 지방, 단백질, 총탄수, 식이섬유, 순탄수의 단위는 그램(g)입니다.

소금이나 후추 등 용량 표기가 없는 재료는 각자의 기호에 따라 맞추면 됩니다.

책에서 사용한 식재료를 알 수 있도록 사진으로 담았습니다.

소고기는 한우, 돼지고기는 한돈입니다.

모차렐라치즈는 슈레드 모짜렐라이고, 슈레드 믹스치즈는 샐러드용입니다(매일유업).

특별한 표시가 없다면 이 책에 사용한 간장은 모두 샘표 맑은조선간장입니다(GMO 주의).

천일염, 꽃소금 외의 소금은 히말라야 핑크솔트입니다.

프롤로그

얼마나 많은 다이어트를 했을까? 시기마다 유행하는 다이어트는 물론 한약, 양약, 시술 등 다양한 시도를 해봤지만 끝은 늘 요요의 반복이었다. 살 빼고픈 의지 하나로 항상 살과의 전쟁을 반복했고 급기야 한 끼에 밥 한 숟가락과 반찬 한 조각만 먹는 극단적인 방법을 선택하기에 이르렀다. 그러자 드라마틱하게도 열흘 만에 8kg을 감량했다. 몸은 가벼워졌으나 머리카락이 한 움큼씩 빠지고 침대에서 내려오지 못할 정도로 어지러웠다. 극심한 우울감으로 운동을 하는 내내 눈물만 났다. '이러다 죽을 수도 있겠구나' 생각하니 아찔했다. 마침내 평범한 일상으로 돌아왔고 체중도 따라서 같이 돌아왔다.

회식이 많아 과음과 과식을 반복하던 회사생활, 인생 최대의 몸무게를 찍고야 다시 다이어트에 돌입. 칼로리를 제한하고 강압적인 회식 자리도 피하면서 1년을 노력한 결과 무려 12kg을 감량했다. 그 후로 두세 달 잘 유지했으나 다시 2kg이 불었고 그때부터 또 살이 찔까봐 두려워지기 시작했다.

두려움과 강박에 시달리던 당시, 우연히 〈MBC 스페셜 지방의 누명〉을 보게 됐다. 상식을 뒤엎은 말도 안 되는 식단이었지만 호기심을 자극하는 내용이었다. '고기와 버터를 실컷 먹을 수 있다고?' 카페에 가입해 지방 : 단백질 : 탄수화물의 비율이 7 : 2 : 1인 식단을 무작정 따라했다. 그러나 나만 빼고 다수의 희망찬 다이어트 후기들을 보니 좌절감만 들었다.

그럼에도 요요가 오지 않는 것은 참 신기했다. 고기를 양껏 먹어도 체중은 키토식단 시작점에 멈춰 있었다. 안정된 대사와 호르몬을 만들어 주는 식단이기에 그동안 혹사시키며 살아온 내 몸에게는 적응할 시간이 필요했던 것이다. 자료들을 수집하고 공부하면서 키토식 이전에 받았던 건강검진 결과에 이미 케톤체가 있었다는 사실을 발견했다. '어쩌면 나는 지방대사가 잘 되지 않는 몸일 수 있겠다'는 생각에 우선 방탄커피부터 끊어봤더니 감량되기 시작했다. 그때만 해도 상세 자료가 많지 않아 바이오해킹에 의존할 수밖에 없었지만 나에게 가장 맞는 방법이기도 했다. 현재도 내 몸은 변하는 중이다. 저칼로리 식단으로 10kg을 감량한 후 키토식을 하면서 4kg을 더 감량한 것이다.

'요요만 오지 않아도 다행'이라고 생각했지만 사람의 욕심은 끝이 없다. 날씬한 몸을 만들고 싶은데 키토식단으로 감량이 잘 되는 사람들 앞에서 상대적 박탈감을 느낄 수밖에 없었다. 더 나아가 '장기적인 식단으로 유지할 수 있을까'라는 의구심이 들기도 했다. 하지만 감량되지 않던 때에도 키토식단을 놓지 않았던 이유는 하나, 몸이 변하고 건강해지고 있다는 걸 알아버렸기 때문이다.

어릴 때부터 비강이 약해 잠을 자면서도 코피를 쏟는 일이 잦았고 성인이 되면서는 아침마다 비강이 부어 코맹맹이 소리에 숨쉬기조차 힘들었다. 눈은 뻑뻑하고 실눈곱도 자주 끼었다. 피곤해서 그렇다고 단순하게 생각했는데 나도 모르는 사이 이러한 증상들이 사라지면서 컨디션도 좋아졌다. 그뿐 아니라 지성피부여서 심한 유분으로 피부트러블이 악화될까봐 걱정했지만 신기하게도 턱 밑의 면포성 여드름이 사라지고 얼굴에 생기가 돌면서 "정말 건강해 보여요"라는 말을 자주 듣게 되었다.

늘 과체중에 식탐도 남달랐던 나는 심리적 허기를 먹는 것으로 채우려고만 했다. 꼬맹이 시절에는 동생이 흘린 가루약마저 찍어먹었고 고추장에 밥 비벼먹는 것을 매우 좋아했다. 스트레스는 무조건 폭식으로 해결했다. 배가 풍선처럼 부풀어야 포만감이라고 느꼈으니 얼마나 아둔한가. 지금은 적정량의 식사를 하면 더 이상 먹고 싶은 생각이 들지 않는다. 식단 초반에 그토록 먹고 싶던 탄수화물(특히 밀가루)에도 감흥이 사라졌다. 유난히 먹고 싶은 날엔 한두 입만 먹어도 멈출 수 있다. 무엇을 먹느냐도 중요하지만 얼마만큼 먹느냐도 매우 중요하다.

다이어트 중에는 치팅데이가 무척 기다려진다. 그동안 먹지 못했던 음식에 대한 보상 심리가 크기 때문이다. 키토식을 하는 중 치팅밀은 당연히 탄수화물로 하루 종일 죄책감 없이 먹었다. 그러나 이게 얼마나 잘못된 치팅인지 곧 깨닫게 되었다. 평소에 인슐린 분비는 쉬고 있는 상태에서 고탄수화물을 섭취하여 혈당스파이크로 인해 내 몸은 과로로 인식했고 무기력함과 피곤함이 해소되는 데도 며칠이 소요되었다.

이제는 치팅데이를 따로 두지 않는다. 다만 먹고 싶은 음식을 소량만 섭취하거나 더티키토로 해소하고 있다. 평생 지속 가능한 식단을 원했기에 키라밸(Keto-life balance)을 선택한 것이다.

요리 솜씨가 좋은 부모님 덕분에 요리하는 것은 언제나 즐겁고 행복하다. 많은 사람이 건강한 식단을 같이 하면 좋겠다는 생각으로 유튜브도 시작했다. 그리고 한 권의 레시피 책도 세상에 선보이게 되었다. 레시피에 들어가기에 앞서 저자는 매콤한 한식을 선호하는 편이고 이국적이고 강한 향신료를 좋아하지 않는다는 것을 미리 밝힌다. 그러니 참고하여 자신의 입맛에 맞게 재료를 가감하면 된다. 요리와 키토는 결코 어렵지 않으며 취미나 순간이 아닌 일상으로 함께할 수 있기를 바란다.

_안혜진

차 례 |

키토 소스

밥, 수프, 면

소고기, 돼지고기

달걀, 닭고기

생선, 해산물

아보카도, 전, 파이, 피자, 샐러드

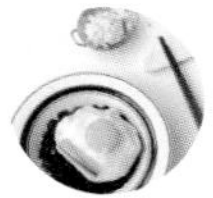

더티키토

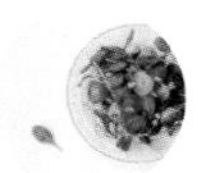

사이드디시

홈카페

키토 요리책에 나오는 대부분의 요리는 오븐에 굽기 때문에
오븐이 없는 사람에게는 그다지 매력적이지 않아요.
오븐이 없어도 할 수 있는 요리를 알려주면 좋겠어요.

전기밥솥으로 할 수 있는 요리

에어프라이어로 할 수 있는 요리

전자레인지로 할 수 있는 요리

프라이팬으로 할 수 있는 요리

키토식을 하면서 한계에 부딪힐 때가 많아요.
그 중 하나가 식재료예요.
재료의 이름은 알지만 다양한 제품 중 어떤 제품을 어디서 사야 할지 모르겠어요.

요리를 하기 전에 식재료를 살펴봐요

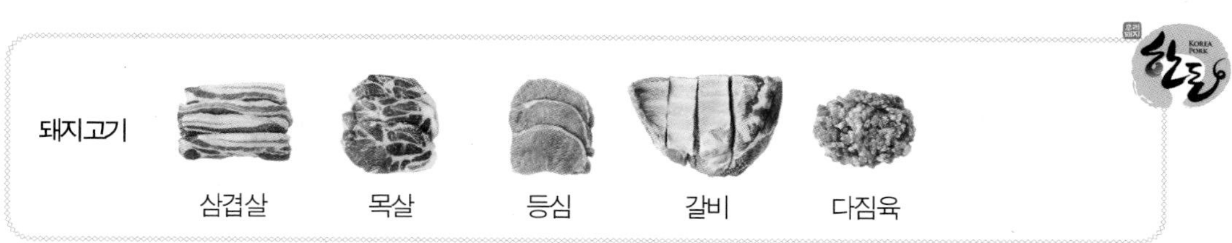

Maeil
버터, 치즈
우유
헤비크림
버터
모차렐라치즈
슈레드믹스
아몬드브리즈
헤비크림
락토프리우유
매일유업 제품 사는 곳
• https://direct.maeil.com/소화가잘되는 우유
• https://www.maeil.com/매일 휘핑크림
• https://smartstore.naver.com/아몬드 브리즈 언스위트
• https://direct.maeil.com/모짜렐라 피자치즈
• https://direct.maeil.com/샐러드용 슈레드치즈
• https://direct.maeil.com/상하 슬로우 버터 무염

에리스리톨 당올	마카롱용 아몬드가루 B&C마켓	소금(핑크솔트) 몬토스코	후추 몬토스코
알룰로스 마이노멀	들기름 상하농원	참기름 상하농원	간장 샘표 맑은조선간장
코코넛아미노스 다이나믹헬스	타마리간장 산제이	액젓 청정원	아보카도오일 초슨푸드
올리브오일 아르베퀴나	올리브오일 데체코	엠씨티오일 키토썸	트러플오일 GIULIANO
애플사이다비네거 데니그리스	발사믹식초 폰타나	발사믹비네거 아체토	레몬즙 림미

바닐라익스트랙 윌튼	노슈가케첩 하인즈	마요네즈 하인즈	굿팻마요 키토마켓
 천일염 청정원	대장부소주 롯데칠성	토마토퓌레 데체코	생강즙 일건식
된장 상하농원	 메줏가루 성진식품	곤약미 미웰	코코넛밀크 뷰코
 연겨자 청정원	홀그레인 머스터드 르네디종	디종 머스터드 르네디종	 면두부, 쌈두부 라라스팜
잔탄검 나우	타피오카 전분 밥스레드밀	베이킹파우더 브레드가든	젤라틴 브레드가든

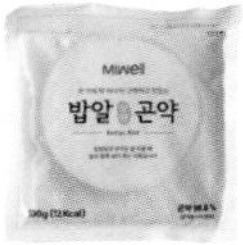

 오이피클 뱅고어	 칠리페퍼 메제타	 레드커리 메프라넘	 페퍼론치노홀
 파르메산치즈 크라프트	 그린팜햄 생협	 모르타델라피스타치오햄 페라리니	 이베리코소시지 엉클앤파파
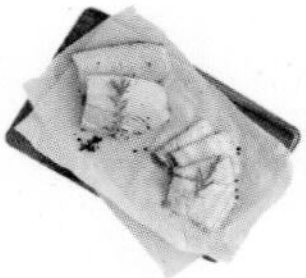 베이컨 엉클앤파파	 갈릭파우더 바디아	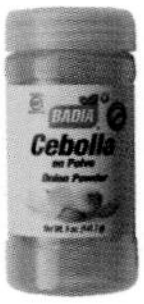 양파가루 바디아	 딜 바디아
 쿠민 바디아	 파프리카 바디아	 카옌페퍼 바디아	 오레가노 바디아
 타코시즈닝 바디아	 캐러웨이씨드 프론티어내추럴	 월계수 다니	 땅콩버터 로라스쿠더스

요리를 할 때 계량은 중요해요

스푼 기준: 1T = 15ml(g), 1t = 5ml(g)
컵 기준: 1컵 = 200ml(g)

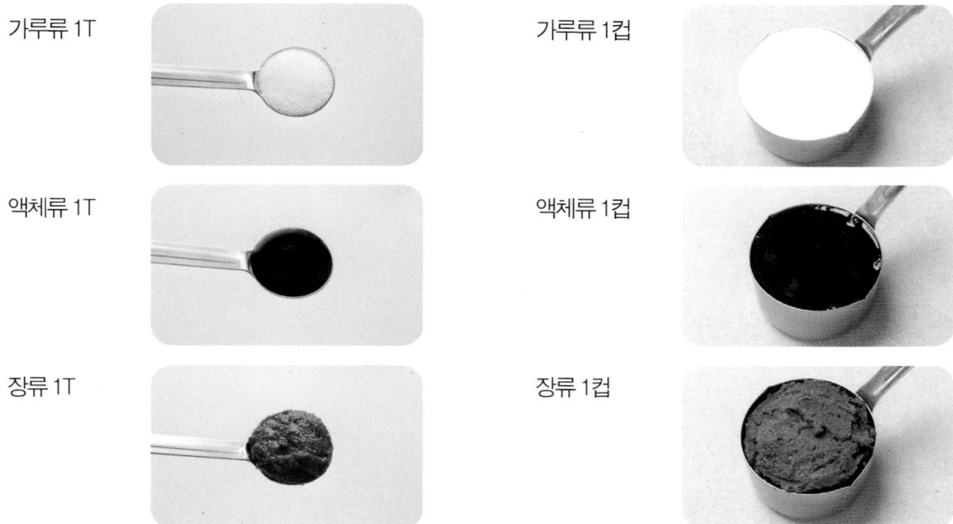

※ 재료의 부피나 점성에 따라 실제 무게의 차이는 조금씩 다를 수 있습니다.

요리를 할 때 주방도구가 있으면 편리해요

① 다기능핸드블렌더_필립스

스파이럴라이저, 차퍼, 블렌딩의 기능을 가지고 있다.

② 진공 블렌더_샤크닌자

강력 분쇄력은 기본이고 진공 기능이 있어 영양과 색을 보존한다.

③ 밀크프로셔_Facto O

우유 거품을 만들어 내고 방탄커피 제조 시 편리하다.

④ 휴대용 거품기_다이소, 이케아

외출 시 휴대가 편하고 간편하게 사용이 가능하다.

⑤ 채소 탈수기_이케아

쌈채소나 샐러드 채소의 물기를 제거할 때 좋다.

⑥ 휘핑기_굿쿡

달걀을 풀거나 재료를 섞을 때 좋다.

⑦ 농약제거 세척제_그린그램

과일의 농약 성분을 제거한다.

⑧ 계량스푼 15ml/5ml 일체형, 계량컵 200ml

⑨ 계량컵 500ml_파이렉스

⑩ 전자저울 2kg_드렉택

용기의 무게가 포함되기 때문에 2kg 이상 측정되는 저울이 사용하기 좋다.

⑪ 주물냄비_스타우브

⑫ 주물프라이팬_롯지

이 책을 살펴봐요

불고기①

좋아요 31328개

② #소고기 #등심 #불고기감 #한우 #한우협회 #한우자조관리금 #바싹불고기느낌

지방대사가 느린 사람에게는 지방이 적은 부위의 고기가 감량에 도움이 돼요. 저의 최애 감량템으로 액젓을 넣어 풍미도 깊고 일반식 불고기와는 달리 수분을 날리는 정도에 따라 바싹불고기의 식감을 느낄 수 있어요. ③

④ ssskim_지방이 너무 부족해 보여요.
by._.ahn_@ssskim 올리브오일을 넉넉히 둘러 볶으면 지방의 양을 채울 수 있어요.

104

⑥
재료_2인분
소고기 등심 400g
⑦ 양념: 간장 3T, 액

⑧ 만들기
1 키친타월로
2 양념을 모두
3 양파, 당근, 버
4 팬에 올리브
5 고기가 어느

⑨ tip_
렉틴에 민감

⑩ ☼ 렉틴
당 결합 식물
경을 손상하
망 등의 가지

⑤ 

40g, 청양고추 3개, 표고버섯 1개, 올리브오일 20ml, 통깨
3T, 다진마늘 1t, 생강가루, 후추, 들기름 1T

붙어 있는 고기는 한 장씩 떼어준다.
후 30분 정도 재워둔다.
고추는 어슷 썰어 준비한다.
고 재워둔 고기를 넣어 익혀준다.
채소를 넣어 휘리릭 볶아 마무리한 후 통깨를 뿌린다.

하고 준비하세요..

포막에 붙어 종종 건강을 파괴한다. 많은 렉틴 성분은 염증을 유발하고 신
한편, 일부 렉틴은 혈액의 점성을 증가시킨다. 콩, 곡물 및 가지, 감자, 피
있다.

⑪

칼로리	지방	단백질	총탄수화물	식이섬유	순탄수화물
732	57.88	38.15	12.46	2.1	10.36

105

이 책의 구성

① 요리 이름
② 해시태그: 간단한 정보 및 연관어로 식재료와 요리를 이해하는 데 도움을 준다.
③ 요리 이야기: 저자의 추억 혹은 음식에 얽힌 이야기로 감성을 실었다.
④ 댓글과 답글: 궁금한 내용이나 질문 사항을 댓글과 답글로 재미있게 꾸며 어려운 키토식에 대해 이해가 쉽도록 정보를 제공한다.
⑤ 큐알코드: 요리의 동영상을 보면서 따라할 수 있다. 요리에 따라 동영상과 약간의 차이가 있을 수 있다.
⑥ 재료의 양: 몇 인분인지 혹은 전체 양인지 구분하였다.
⑦ 양념 혹은 소스: 흐린 글씨로 주재료와 구분하였다.
⑧ 요리를 만드는 과정
⑨ 팁: 요리를 하면서 꼭 알아야 하는 정보와 참고할 내용을 알려준다.
⑩ 포인트: 뜻과 의미로 지식과 정보를 담았다.
⑪ 영양정보: 칼로리와 지방, 단백질, 탄수화물에 대한 영양정보를 제공하면서 식이섬유와 순탄수량까지 보여준다. 지방, 단백질, 탄수화물의 단위는 그램(g)이다.

자, 그럼

쉽고 맛있는 키토 요리를

시작해 볼까요?

다른 요리에도

적용할 수 있도록

소스부터 만들기로 해요.

#키토소스
#한식소스
#서양소스
#안식당
#일상의 저탄고지
#아이 러브 키토

키토고추장

좋아요 23328개

#키토고추장 #저당질고추장 #다이어트고추장 #진주님레시피를기본으로변형

엄마 말씀에 따르면 어릴 때부터 매운맛을 좋아해 세 살 때부터 고추장을 자꾸 찍어 먹었다고 해요. 그 후 가로세로 폭풍성장을 했는데 키토고추장이 있었다면 세로로만 성장했을 거예요.

ssskim 숙성은 얼마나 하고 유효기간은 얼마나 될까요?
by._.ahn_@ssskim 숙성 없이 먹어도 되지만 하루 정도면 충분해요. 저는 3개월 정도 먹었어요.

재료_

생수 130g, 메줏가루 20g, 에리스리톨 40g, 고춧가루 100g, 액젓 30g, 대장부소주 3T, 꽃소금 15g

만들기

1 고춧가루는 믹서기로 곱게 갈아준다.
2 생수에 소금과 에리스리톨을 넣고 녹여준다.
3 2에 메줏가루를 넣어 뭉치지 않도록 잘 저어준다.
4 나머지 재료를 모두 넣어 섞어준다.
5 열탕 소독한 용기에 담아 냉장 보관한다.

tip_

* 고추장에서 메줏가루 냄새가 난다면 소주나 액젓을 1T 정도 추가해 주세요.
* 메줏가루 대신 청국장가루를 사용해도 좋아요.
* 미네랄 함량이 높은 핑크솔트보다는 꽃소금을 추천합니다.
* 고춧가루를 곱게 갈수록 더욱 고추장의 질감과 비슷해요.

¤ 키토고추장 숙성

하루 정도 냉장 숙성하면 메줏가루나 알콜의 냄새도 없어져 더 맛있다.

전체	칼로리	지방	단백질	총탄수화물	식이섬유	순탄수화물
	415	20.96	22.41	60.55	34.2	26.35

초고추장

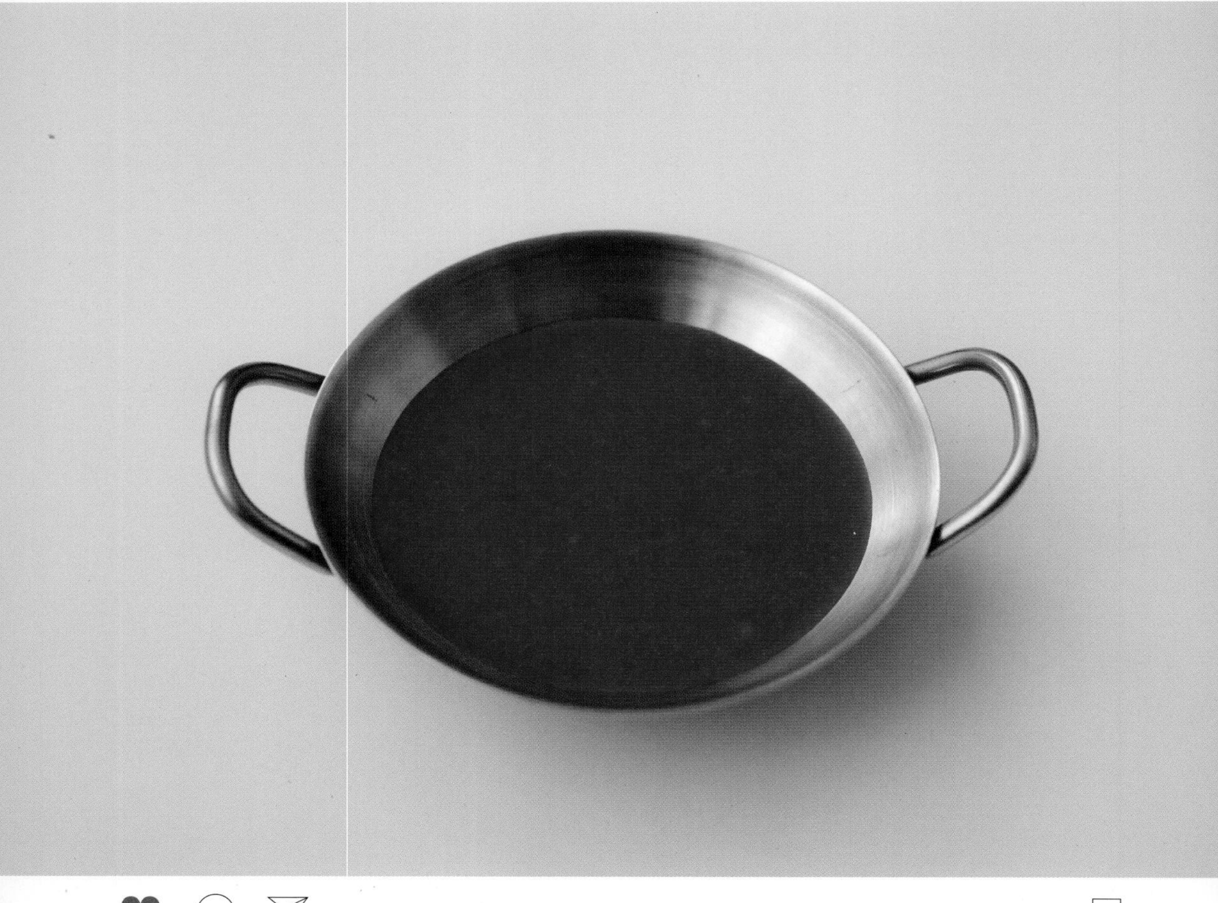

좋아요 18397개

#키토고추장 #저당질고추장 #새콤달콤매콤

요리를 만들거나 먹다 보면 자주 필요한 소스예요. 키토고추장만 있다면 만들기 쉽고 기호에 따라 새콤한 맛과 달콤한 맛을 원하는 대로 즐길 수 있어요.

ssskim 재료의 용량을 정확하게 지키지 않아도 되지요?

by._.ahn_@ssskim 기본을 바탕으로 기호에 따라 재료를 가감하면 돼요. 저도 기분에 따라 어느 날엔 새콤하게 먹고 어느 날엔 달콤하게 먹는답니다.

재료_

키토고추장 1T, 애플사이다비네거 2.5T, 알룰로스 1T, 통깨 0.5T

만들기

1 통깨는 갈아 준비한다.

2 분량의 양념을 모두 섞는다.

tip_

* 통깨는 먹을 때마다 넣고 휘휘 섞어도 괜찮아요.
* 신맛의 기호에 따라 애플사이다비네거를 가감하세요...

전체	칼로리	지방	단백질	총탄수화물	식이섬유	순탄수화물
	47	3.26	1.77	10.99	8.9	2.09

쌈장

좋아요 22331개

#고기엔쌈장 #파는건설탕덩어리 #막장과쌈장중간쯤

삼겹살을 굽거나 고기를 먹을 때 쌈장이 있어야 완성된 느낌이 들어요. 고추장과 된장을 섞고 들기름을 한 방울 톡 떨어뜨리면 장의 풍미를 느낄 수 있어요.

ssskim_키토식에서 마늘은 추천하지 않던데 괜찮나요?

by._.ahn_@ssskim 개인차가 있겠지만 요리에는 최소량만 사용하고 생마늘은 장에 부담을 주지만 익히거나 발효된 마늘은 괜찮아서 조금씩 허용해요.

재료_

키토고추장 2T, 된장 2T, 들기름 2T, 알룰로스 1.5T, 다진 마늘 1t, 다진 양파 1T

만들기

1 다진 마늘을 들기름에 볶아 익혀준다.

2 불을 끄고 1에 고추장, 된장, 다진 양파, 알룰로스를 섞는다.

3 잘 섞이면 들기름을 넣어 마무리한다.

tip_

알룰로스는 브랜드에 따라 당도가 다릅니다(큐원 or 마이노멀)

¤ 알룰로스

단맛이 있고 설탕보다 칼로리가 낮은 감미료로 설탕의 대체제이다. 알룰로스 1g당 칼로리는 0~0.2kcal로 설탕의 5% 이하다. 참고로 설탕은 1g당 4kcal이다.

전체	칼로리	지방	단백질	총탄수화물	식이섬유	순탄수화물
	279	24.16	7.31	21.41	14.6	6.81

맛간장

좋아요 26132개

#조선간장 #만능맛간장 #회간장 #쯔유

쓰임새가 많은 맛간장을 만들어봤어요. 맛간장은 전이나 튀김 등을 먹을 때뿐 아니라 회를 먹거나 조미되지 않은 김을 먹을 때도 좋아요.

ssskim_꼭 육수를 만드는 것 같아요.
by._.ahn_@ssskim 하하하. 그러네요. 천연 재료를 사용하면 간장의 풍미도 좋고 건강하니까요.

재료_

파뿌리 4~5개, 디포리 3개, 다시마 2조각, 표고버섯 기둥 4~5개, 무 1/5개, 양파 1/2개, 물 400ml
양념: 간장 90ml, 에리스리톨 2T

만들기

1 무는 조각내고 양파는 4등분한다.
2 양념(간장, 에리스리톨)을 제외한 모든 재료를 함께 끓인다.
3 물이 끓으면 1분 뒤에 다시마를 건져내고 양파가 충분히 무를 때까지 끓인다.
4 간장과 에리스리톨을 넣고 가볍게 데워준다.
5 채소를 체에 걸러준다.
6 열탕 소독한 용기에 담아 냉장 보관한다.

tip_

* 5번 과정에서 채소를 체에 거른 후 150ml 정도의 간장이 만들어지면 연한 맛간장이 돼요.
* 진한 맛간장을 원한다면 100ml 정도까지 우려내세요.
* 커피필터로 한 번 더 걸러주면 아주 맑고 깨끗한 간장을 얻을 수 있어요.
* 달걀프라이에 맛간장과 들기름을 넣어 먹으면 정말 맛있어요.

¤ 디포리
청어목 청어과에 속하는 밴댕이의 사투리로 보리멸의 전라도 방언이라고도 한다.
육수를 낼 때 사용하는데 흔히 밴댕이 말린 것을 디포리라고 한다.

전체	칼로리	지방	단백질	총탄수화물	식이섬유	순탄수화물
	28	3.64	3.17	2.24	0	2.24

만능육수

좋아요 37277개

#멸치 #디포리 #다시마 #국물요리필수템

육수를 만들어 두면 국을 끓이거나 찌개를 끓일 때 아주 유용해요. 맹물을 넣었을 때와 달리 맛의 차이를 확실히 느낄 수 있어요.

ssskim_디포리나 멸치를 더 많이 넣어도 될까요?
by._.ahn_@ssskim ㅎㅎ 전체적인 밸런스를 위해 정량을 지키는 게 좋아요.

재료_

디포리 5마리, 멸치 10마리, 통후추 0.5T, 다시마 5개, 무 1/4개, 양파 1/2개, 물 1L

만들기

1 멸치는 내장을 제거한다.
2 무는 0.5cm 두께에 4cm 크기로 썰고 양파는 4등분한다.
3 모든 재료를 넣고 센 불로 끓여준다.
4 물이 끓고 1분 후에 다시마를 건져낸다.
5 중불로 줄인 후 무가 충분히 무를 때까지 끓인다.
6 체에 걸러 보관한다.

tip_

* 커피필터로 한번 더 걸러주면 아주 맑고 깨끗한 육수를 얻을 수 있어요.
* 육수를 소분하여 얼려두면 사용하기 편리해요.

전체	칼로리	지방	단백질	총탄수화물	식이섬유	순탄수화물
	28	0.52	3.67	1.3	0.3	1

키토마요네즈

좋아요 26328개

#진짜마요네즈 #인내심필요 #방탄커피보다빠른키토시스진입 #카놀라유NO

키토식을 하는 사람에게 자유롭지 못한 식재료 중 하나가 마요네즈인데 이제 마음 놓고 마요네즈를 먹을 수 있어요!

wldbdPQj_핸드휘핑기가 없는데 믹서기로 만들어도 될까요?

by._.ahn_@wldbdPQj 도깨비방망이로 하는 분도 계시니 타이밍 조절만 잘 한다면 가능해요. 하지만 믹서기는 확인이 어려우니 신경을 많이 써야겠죠.

akdyspwm_이 마요네즈는 실온 보관인가요? 아님 냉장 보관인가요?

by._.ahn_@akdyspwm 노른자가 들어갔으니 냉장 보관을 하시면 돼요.

재료_

달걀노른자 2개, 무향오일 200ml(아보카도 오일100ml+MCT오일 100ml), 디종머스터드 2/3t
화이트와인식초 or 애플사이다비네거 40ml, 소금 3g, 에리스리톨 1.5T

잠깐! 모든 재료는 실온에 두었다가 사용하세요.

만들기

1 달걀노른자에 디종머스터드를 넣어 양이 2배가 되고 연한 노란색이 될 때까지 휘핑기로 크림화해준다.
2 오일 100ml를 소량씩 넣으며 오일이 분리되지 않게 주의하면서 계속 반복하며 유화시킨다.
3 걸쭉한 농도가 되면 애플사이다비네거 20ml 넣어 섞는다.
4 남은 오일 100ml을 나누어 넣으면서 유화시킨다.
5 유화가 완료되면 애플사이다비네거 20ml, 소금, 에리스리톨을 넣어 마무리한다.

tip_

* 1번 과정이 충분하지 않으면 오일을 넣었을 때 유화가 잘 되지 않아요. 한꺼번에 너무 많이 넣어도 마찬가지예요.
* 올리브오일은 향이 있기 때문에 무향 오일을 추천해요.
* 비네거를 넣을수록 마요네즈의 농도가 묽어지니 확인하면서 섞어주세요.

¤ 마요네즈 소비 권장 및 성분

1~2주 내로 소비하기를 권장하며 냉장 보관한다.
노른자의 주요 성분인 레시틴은 천연 유화제이며 혈액 순환과 두뇌 건강에 좋은 영향을 미친다.

전체	칼로리	지방	단백질	총탄수화물	식이섬유	순탄수화물
	1826	209.11	5.51	1.45	0.1	1.35

렌치드레싱

좋아요 31328개

#딜은필수 #콥샐러드드레싱 #육류해산물모두굿

입맛은 없는데 상큼한 게 당긴다면 파프리카, 오이, 아보카도, 삶은 메추리알, 방울토마토 등을 잘라 콥샐러드를 만들어 보세요. 오이는 렉틴 제거와 수분 조절을 위해 반드시 오이씨를 제거해 주세요.

ssskim_이 드레싱은 보관 기간이 얼마나 될까요?
by._.ahn_@ssskim 사용한 수저를 다시 사용하지만 않는다면 냉장으로 일주일에서 열흘은 가능해요.

재료_

양파 1/2개, 딜 10g, 차이브 10g, 사워크림 150g, 마요네즈 150g, 홀그레인머스터드 2T
레몬즙 2T, 에리스리톨 1T, 소금, 후추

만들기

1 양파, 딜, 차이브를 곱게 다진다.

2 양파는 찬물에 소금 0.3t를 넣어 5분간 담가둔다.

3 양파의 물기를 제거하고 키친타월로 감싸 남은 수분을 제거한다.

4 모든 재료를 넣어 섞는다.

tip_

* 차이브는 골파라도고 해요. 반드시 넣지 않아도 되고 쪽파로 대신할 수 있어요.
* 허브는 파슬리나 바질 등 다양하게 추가해 보세요.
* 기호에 따라 레몬즙이나 에리스리톨을 조금 더 넣어도 됩니다.

¤ 사워크림

생크림을 젖산으로 발효시킨 것. 신맛이 있으며 과자의 원료로 쓰고 고기 요리에 쳐서 먹기도 한다.
시판용 제품을 사용해도 되지만 만들 수도 있다.
생크림에 요거트 3T를 넣고 레몬즙을 넣어 발효시키면 훌륭한 사워크림이 된다.

	칼로리	지방	단백질	총탄수화물	식이섬유	순탄수화물
전체	1340	140.41	10.83	20.68	2.7	17.98

타르타르소스

좋아요 28132개

#생선가스 #샌드위치드레싱 #새우튀김소스

타르타르소스는 더운 생선요리에 많이 쓰여요. 생선튀김이나 매콤한 주꾸미볶음을 찍어 먹어도 맛있지요.

ssskim_피클이 없는데 안 넣어도 되나요?
by._.ahn_@ssskim 없으면 제외하고 식초나 레몬즙을 더 추가해 주세요.
namsook_돈까스나 생선까스에 올리고 싶은데 농도를 알려주세요.
by._.ahn_@namsook 돈까스나 생선까스의 소스로 사용할 때는 조금 되직한 게 좋아요.

재료_

마요네즈 3T, 다진 양파 2T, 다진 피클 1T, 레몬즙 0.5T, 에리스리톨 0.5T, 소금 약간, 파슬리(선택)

만들기

1 양파와 피클은 다지고 물기를 제거한다.

2 소금을 제외한 모든 재료를 섞는다.

3 소금은 기호에 따라 추가한다.

tip_

* 2번 과정에서 소금을 추가할 때 먼저 맛을 보고 추가해요. 집에서 만든 마요네즈든 시판 마요네즈든 제품에 따라 염도가 다 달라요.
* 삶은 달걀을 으깬 후 섞어주면 간단한 식사 대용으로 좋아요.

¤ 타르타르소스

타르타르소스에는 반드시 오이피클이 들어가고 레몬즙을 넣어 생선 냄새를 없애는 게 특징이다. 농도는 마요네즈 정도면 좋다.

전체	칼로리	지방	단백질	총탄수화물	식이섬유	순탄수화물
	204	21.45	0.93	4.27	0.5	3.77

쯔란

좋아요 28328개

#양꼬치 #맥주못먹어서슬픔

좋은 고기는 소금과 후추만 넣어 구워 먹어도 맛있지만 쯔란이 추가되어야 진짜 양고기를 잘 먹었다는 생각이 들어요.

ssskim_모든 재료를 다 넣어야 하나요?
by._.ahn_@ssskim 파프리카파우더 정도는 제외할 수 있지만 레시피에 사용된 재료 모두 사용할 것을 추천해요.

재료_

고춧가루 3T, 소금 1T, 후추 0.5T, 파프리카파우더 1T, 쿠민파우더 1t, 커리파우더 0.5T
깨 0.5T, 에리스리톨 1t

만들기

1 고운 고춧가루가 없다면 굵은 고춧가루를 믹서기로 갈아준다.
2 에리스리톨은 곱게 갈아서 사용한다.
3 깨는 갈거나 부수어서 넣어준다.
4 모든 재료를 섞어서 양고기에 찍어 먹는다.

tip_

* 고운 고춧가루는 굵은 고춧가루를 믹서기에 갈아도 됩니다.
* 고춧가루 대신 카옌페퍼를 사용해도 좋아요.

¤ 쯔란

미나릿과에 속하는 한해살이 풀의 씨앗을 향신료로 쓰는데 이를 쯔란이라고 한다. 일반적으로 알고 있는 쿠민이다. 이를 중국에서는 쯔란이라고 하는데 여러 향신료 가루를 섞어 양꼬치나 양갈비를 먹을 때 찍어 먹는다.

전체	칼로리	지방	단백질	총탄수화물	식이섬유	순탄수화물
	106	6.43	3.91	14.74	8.9	5.84

이탈리안드레싱

좋아요 27685개

#기본샐러드드레싱 #냉장보관하면굳어

기본 샐러드 드레싱이고 간단하게 스테이크를 구워 양송이버섯을 곁들여 같이 먹어도 정말 맛있어요. 차돌박이 샐러드에 활용해도 잘 어울려요.

ssskim_발사믹식초 어떤 걸로 쓰시나요?
by._.ahn_@ssskim 정해 놓고 먹는 건 없는데 캐러멜 색소가 없는 걸로 사용해요.

재료_

올리브오일 3T, 발사믹식초 2T, 에리스리톨 1T, 레몬 1/2개, 다진 마늘 0.5t, 다진 양파 1T, 소금, 후추

만들기

1 상온에 두었던 레몬을 짜서 즙을 내준다.
2 올리브오일에 레몬즙을 3번에 나누어 섞으며 유화시킨다.
3 나머지 재료를 모두 넣어 섞는다.
4 상온 보관하고 2~3일 내로 섭취한다.

올리브오일과 레몬즙의 유화

tip_

1번 과정에서 레몬즙을 짜는 기계가 없다면 위생장갑을 끼고 레몬 과육을 파내듯 짜주면 많은 과즙을 얻을 수 있어요.

전체	칼로리	지방	단백질	총탄수화물	식이섬유	순탄수화물
	270	27.97	0.34	5.95	0.4	5.55

#한 그릇에 담아 낸 밥

#따뜻한 수프

#입맛 돋우는 면

#안식당

#일상의 저탄고지

#아이 러브 키토

김치볶음밥

좋아요 42346개

#신김치 #삼겹살필수 #한돈 #밥알모양곤약 #매일유업쫄깃한모짜렐라치즈

다이어트를 할 때 생각나는 음식 중 하나가 김치볶음밥이에요. 밥알 모양이 살아 있는 곤약밥으로 만들면 키토식으로도 얼마든지 먹을 수 있어요. 키토식을 하고 나서 김치볶음밥이 더 생각나요.

ssskim_곤약미 한 봉지 물만 빼고 넣으시나요? 아니면 물 없는 곤약미 쓰시나요?
by._.ahn_@ssskim 건조된 곤약미에도 전분이 포함되어 있어요. 꼭 정제수에 들어있는 곤약미를 사용하세요.

재료_1인분

곤약미 200g, 배추김치 120g, 삼겹살 50g, 송송 썬 대파 약간, 고춧가루 1T, 간장 1T, 달걀노른자 1개
에리스리톨 1T, 체더치즈 1장(믹스치즈), 모차렐라치즈 50g, 애플사이다비네거 1t, 올리브오일 10ml

만들기

1 곤약미는 정제수를 제거하고 식초를 한두 방울 넣은 물에 담갔다가 씻어 체에 밭쳐둔다.
2 마른 팬에 1의 곤약미를 볶아 수분을 제거해 둔다.
3 웍에 오일을 두르고 잘게 자른 삼겹살을 볶는다.
4 삼겹살의 기름이 충분히 나오면 대파를 넣어 볶은 후 간장을 넣어 바닥에 눌려준다.
5 간장이 고소하게 눌리면 김치를 넣고 볶은 후 2의 곤약미를 함께 볶는다.
6 에리스리톨과 고춧가루, 애플사이다비네거를 넣고 고슬고슬하게 볶아준다.
7 밥에 점성이 없으니 체더치즈를 1장 넣어 섞어준다.
8 오목한 그릇에 담아 엎어서 모양을 내준다.
9 약불에 녹인 모차렐라치즈와 달걀노른자를 올려 서브한다.

tip_

신김치가 없다면 애플사이다비네거를 1t 더 넣어주세요.

¤ 곤약미

밥알 모양으로 만든 곤약을 사용하면 일반 쌀밥과 모양이 비슷해 이질감이 덜한다. 식이섬유가 풍부하고 포만감이 오래 지속되기 때문에 밥의 식감을 느낄 수 있어 추천한다.

1인분	칼로리	지방	단백질	총탄수화물	식이섬유	순탄수화물
	607	46.86	29.5	21.8	10.5	11.3

달걀볶음밥

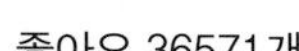

좋아요 36571개

#달걀 #곤약미 #대파향좋아 #자취생요리

반찬이 마땅치 않을 때 대파와 달걀을 풀어 볶고 김치 한 점 올려 먹으면 간단한 한 끼가 돼요. 이제는 쌀밥을 먹을 수 없으니 곤약미로 만들어요. 곤약미는 밥알 한알한알 오일 코팅 해줘야 하는 고슬고슬한 볶음밥 종류와 잘 어울려요.

ssskim_액젓을 꼭 넣어야 하나요?
by._.ahn_@ssskim 없으면 간장만 넣어도 돼요. 그러나 액젓을 넣으면 중국식 볶음밥처럼 풍미가 살아서 더 맛있어요.

재료_1인분

곤약미 200g, 달걀 2개, 송송 썬 대파 한 줌, 간장 0.5T, 액젓 0.5T, 소금, 후추, 올리브오일(버터)

만들기

1 곤약미는 정제수를 제거하고 식초를 한두 방울 넣은 물에 담갔다가 씻어 체에 밭쳐둔다.
2 마른팬에 곤약미를 볶아 수분을 제거한다.
3 웍에 오일을 두르고 송송 썬 대파를 넣어 볶은 후 간장을 넣고 눌려준다.
4 달걀은 풀어서 준비한다.
5 대파가 잘 익으면 수분을 제거한 곤약미를 넣고 볶는다.
6 곤약미에 윤기가 돌면 달걀을 넣고 고슬고슬하게 볶아낸다.
7 부족한 간은 액젓과 소금을 넣어 맞춘다.
8 후추를 넣고 마무리한다.

1인분	칼로리	지방	단백질	총탄수화물	식이섬유	순탄수화물
	350	28.83	13.89	10.19	6.4	3.79

버섯리소토

좋아요 39799개

#트러플오일 #버섯백퍼센트활용 #바질은거들뿐

버섯을 100% 활용할 수 있는 버섯리소토에요. 표고버섯의 진한 향의 매력에 빠져보세요.

ssskim_건표고 불리는 시간이 어느 정도인지 알려주세요. 생표고를 쓴다면 전처리가 필요한가요?

by._.ahn_@ssskim 저는 전날 밤에 표고를 물에 담가 냉장고에 넣어 두었어요. 생표고는 전처리 없이 그냥 사용하면 돼요. 저는 표고의 향이 좋아 건표고를 불려서 사용해요.

재료_1인분

곤약미 200g, 표고버섯 2~3개, 양송이버섯 1~2개, 헤비크림 80ml, 다진 마늘 1t
양파 1/4개, 파슬리 1줄기, 파르메산치즈, 소금, 후추, 올리브오일(버터), 건표고 불린 물 50ml(선택)

만들기

1 곤약미는 정제수를 제거하고 식초를 한두 방울 넣은 물에 담갔다가 씻어 체에 밭쳐둔다.
2 표고버섯은 얇게 썰고 양송이버섯과 양파는 사방 0.5cm로 썰어준다.
3 파슬리는 이파리 부분만 잘게 다져 준비한다.
4 팬에 오일을 두르고 마늘을 볶다가 양파를 넣어 투명해질 때까지 볶는다.
5 4가 충분히 익으면 표고버섯 2/3를 넣고 같이 볶아준다.
6 곤약미를 넣어 수분이 날아갈 때까지 볶은 후 양송이버섯을 넣는다.
7 헤비크림을 넣어 졸여주고 파르메산치즈와 소금과 후추로 간한다.
8 다진 파슬리를 뿌려 마무리한다.
9 남겨둔 표고버섯 1/3은 소금과 후추를 뿌려 볶은 후 가니시로 올린다.

tip_

건표고버섯을 불린 물은 버리지 말고 사용하세요. 6번 과정에서 3T 정도 넣어 버섯향을 올려주면 풍미가 깊어요.

¤ 곤약미 수분 날리기
수분을 날리지 않으면 죽처럼 될 수 있으니 중약불로 천천히 졸인다.

1인분	칼로리	지방	단백질	총탄수화물	식이섬유	순탄수화물
	451	40.92	6.08	18.06	8.4	9.66

매생이리소토

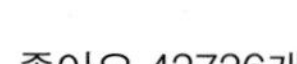

좋아요 42726개

#매생이굴국 #매생이달걀말이 #무공해식품

매생이는 키토식에서 다양하게 이용할 수 있는 식재료예요. 굴을 넣어 매생이굴국을 끓여도 좋고 매생이달걀말이를 해도 맛있어요. 이렇게 리소토를 만들면 든든한 한 그릇 밥이 되기도 하지요.

ssskim_매생이리소토는 한 번도 생각해보지 못했는데 정말 아이디어예요.
by._.ahn_@ssskim 비주얼이 주는 느낌은 오징어먹물리소토 같기도 하고요.

재료_1인분

매생이 100g, 곤약미 200g, 당근 20g, 양파 2T, 표고버섯 1개, 간장 0.5T, 참기름 0.5T, 육수 60ml
올리브오일 1T, 참깨 1t(선택)

만들기

1 곤약미는 정제수를 제거하고 식초를 한두 방울 넣은 물에 담갔다가 씻어 체에 밭쳐둔다.
2 매생이는 찬물로 두어 번 헹구고 물기를 꾹 짜낸다.
3 당근, 양파, 표고버섯은 사방 0.3cm 크기로 다진다.
4 팬에 오일을 두르고 3의 다진 채소를 적당히 볶는다.
5 곤약미를 넣고 채소들과 잘 어우러지도록 볶은 후 육수를 붓는다.
6 5에 매생이를 넣고 뭉치지 않도록 주걱이나 젓가락으로 살살 풀어가면서 섞어준다.
7 꾸덕하게 졸여지면 간장과 참기름을 넣어 마무리한다.

tip_

5번 과정에서 육수는 34쪽을 참고하세요.
깨는 기호에 따라 선택하세요.

¤ 매생이

우리나라 남해안 일대에서 서식하는 무공해식품이다. 철분과 칼륨을 많이 함유하고 있으며 12~2월이 제철이다. 넉넉한 물에 담갔다 풀어지면 조금씩 흔들어 씻으면 된다. 일반적으로 7일 정도 먹을 수 있지만 소분하여 용기에 담아 냉동 보관하면 오래 먹을 수 있다.

1인분	칼로리	지방	단백질	총탄수화물	식이섬유	순탄수화물
	550	50.26	7.09	21.6	9.3	12.3

꼬마김밥

좋아요 39326개

#냉장고파먹기 #자투리채소해치우기 #광장시장마약김밥

광장시장에서 마약김밥으로 유명한데 밥이 들어가지 않으니 전체적으로 슴슴하게 간을 하고 겨자소스를 찍어 먹으면 맛있어요. 배부르지 않으면서 산뜻한 음식이 당길 때 권해요.

ssskim_에리스리톨이 뭔가요? 어떤 성분이죠?
by._.ahn_@ssskim 설탕 대체 천연 감미료예요. 인슐린을 자극하지 않아서 사용하고 있어요.

재료_2인분

시금치 한 줌, 당근1/2개, 달걀 2개, 깻잎 8장, 김 4장, 들기름, 통깨, 올리브오일, 소금, 크림치즈 약간
겨자소스: 물 2T, 간장 2T, 애플사이다비네거 1T, 에리스리톨 1T, 연겨자 0.5~1T
무절임: 무 1/5개, 소금, 에리스리톨 1.5T, 애플사이다비네거 4T

만들기

1 무는 채 썬 후 소금 약간, 에리스리톨, 애플사이다비네거를 넣고 20분 이상 둔다.
2 시금치는 소금을 넣은 끓는 물에 20~30초 데쳐 물기를 꼭 짠 후 들기름과 소금을 넣고 무친다.
3 당근은 채 썰어 오일을 두른 팬에 소금을 약간 넣어 볶아준다.
4 달걀은 얇게 지단을 부치고 채 썰어준다.
5 김은 2등분으로 자른다.
6 김 위에 먼저 깻잎을 올리고 준비한 채소 들을 넣어 말아준 다음 크림치즈를 발라 김을 고정한다.
7 김밥에 들기름을 바르고 통깨를 뿌린다.
8 겨자소스는 분량의 재료를 모두 넣고 겨자가 뭉치지 않게 잘 풀어준다.

tip_

* 1번은 쉽게 만드는 단무지 레시피예요. 무를 살짝 절여 용도에 맞게 활용해요. 262쪽을 참고하세요.
* 깻잎은 최대한 물기를 제거해 주세요. 물기가 있으면 김이 금세 눅눅해져요.
* 6번 과정에서 김밥이 너무 작아 물을 발라 고정하면 바로 눅눅해져요.
* 연겨자는 키토식에서 허용하지 않는 옥수수기름을 포함한 여러 가지 식품 첨가물이 들어 있어요. 소량만 섭취하기 때문에 가끔 사용하지만 식품 첨가물에 민감하다면 김밥만 먹어도 맛있어요.

¤ 에리스리톨

감미도가 설탕의 70~80% 정도이며 청량한 감미를 가지고 있는 감미료로 체내에 거의 흡수되지 않고 배출되므로 저칼로리 감미료로 사용된다.

1인분	칼로리	지방	단백질	총탄수화물	식이섬유	순탄수화물
	276	22.58	11.01	9.42	3.1	6.32

키토치즈김밥

좋아요 44297개

#이건꼭만들어야해 #치즈김밥 #달걀김밥 #간단한키토식

원래는 당근을 넣어 먹는데 탄수량을 걱정할 수 있기 때문에 파프리카로 대신했어요. 어떤 재료를 넣어도 맛있는 김밥이니 냉장고 상황에 따라 활용하세요. 키토 초반에 만들었던 키토김밥을 보면 너덜너덜 휴지조각 같아 아직도 웃음이 나요.

ssskim_체더치즈를 사용하면 안 될까요? 고다치즈는 찾기 쉽지 않더라고요.
by._.ahn_@ssskim 치즈는 기호에 따라 넣어도 돼요. 대체로 고다치즈가 자연치즈의 함량이 높은 편이에요.

재료_2인분

김밥김 2장, 시금치 60g, 파프리카 25g, 고다치즈 5장, 단무지 50g, 올리브오일 1T
달걀 2개, 깻잎 3장, 소금, 들기름(참기름), 통깨, 크림치즈(선택)

만들기

1 김 두 장의 끝에 물을 발라 이어서 연결해주고 마를 때까지 기다린다.
2 시금치는 소금물에 데쳐 찬물에 씻은 후 물기를 짜서 소금과 들기름을 약간 넣어 무친다.
3 단무지는 얇게 썰어준다.
4 달걀을 풀어 소금을 약간 넣고 얇게 지단을 부쳐 가늘게 채 썬다.
5 파프리카는 지단 굵기와 같게 채 썬다.
6 두 장을 이어준 김에 밥 대신 고다치즈를 깔아준다.
7 6 위에 깻잎을 3장 올려준다.
8 준비한 재료를 차례대로 넣고 타이트하게 말아준 후 들기름(참기름)을 바르고 깨를 뿌려준다.
9 마무리 이음새는 물이나 크림치즈로 고정하고 충분히 말랐을 때 잘라준다.

tip_

* 1번 과정에서 김 두 장을 연결할 때 세로로 길게 연결해 주세요.
* 3번의 단무지는 262쪽을 참고하세요. 단무지는 통째로 사용해도 돼요.
* 7번과정에서 깻잎의 물기를 최대한 제거해 주세요.
* 이음새를 고정할 때는 밥풀 몇 알을 이용해도 좋아요.

¤ 고다치즈

고다치즈는 숙성기간에 따라 맛과 질감이 다르고 활용되는 음식의 종류도 달라진다. 숙성기간이 짧은 치즈는 크래커에 올려 간식으로 먹거나 슬라이스하여 샌드위치에 넣어 먹는 반면, 오래 숙성된 치즈는 곱게 갈아 수프나 소스, 익힌 채소 요리에 곁들인다.

1인분	칼로리	지방	단백질	총탄수화물	식이섬유	순탄수화물
	410.5	34.92	18.72	5.68	1.4	4.28

알밥

좋아요 28388개

#양배추밥 #컬리라이스보다맛있어

주로 밥 대신 곤약미로 대체하지만 알밥은 양배추와 더 잘 어울려요. 양배추가 없다면 콜리플라워를 사용해도 좋아요.

ssskim_날치알에 색소 들어 있는 거 아닌가요?
by._.ahn_@ssskim 색소가 포함되어 있지 않은 날치알도 시중에 판매하고 있으니 잘 선택하세요.

재료_1인분

양배추 200g, 단무지 2줄, 날치알 20g, 배추김치 70g, 무순 10g, 달걀노른자 1개, 대장부소주 1T
버터10g, 올리브오일 10ml, 소금, 후추, 에리스리톨 0.5t, 들기름(참기름)

만들기

1 단무지는 사방 0.5cm 크기로 잘라준다.
2 날치알은 대장부소주를 넣은 물에 헹구고 물기를 제거한다.
3 양배추는 밥알 크기로 다져서 버터를 녹인 팬에 소금과 후추를 약간 넣고 볶아준다.
4 배추김치는 잘게 썰어 에리스리톨을 넣어 볶는다.
5 달궈진 그릇(뚝배기 또는 무쇠그릇) 안쪽에 들기름(참기름)을 바른다.
6 양배추를 맨 아래에 깔고 무순을 포함하여 준비한 재료 들을 담아 낸다.

tip_

* 1번 과정의 단무지는 262쪽을 참고하세요.
* 3번 과정에서 차퍼를 이용해 양배추를 다져요.
* 참기름은 키토식에 적합하지 않지만 알밥에 참기름 없으면 그 맛이 안나요. 꼭 냉압착 방식으로 짜낸 참기름을 사용하세요.

1인분	칼로리	지방	단백질	총탄수화물	식이섬유	순탄수화물
	429	37.35	10.24	17.32	6.4	10.92

아보카도낫토볼

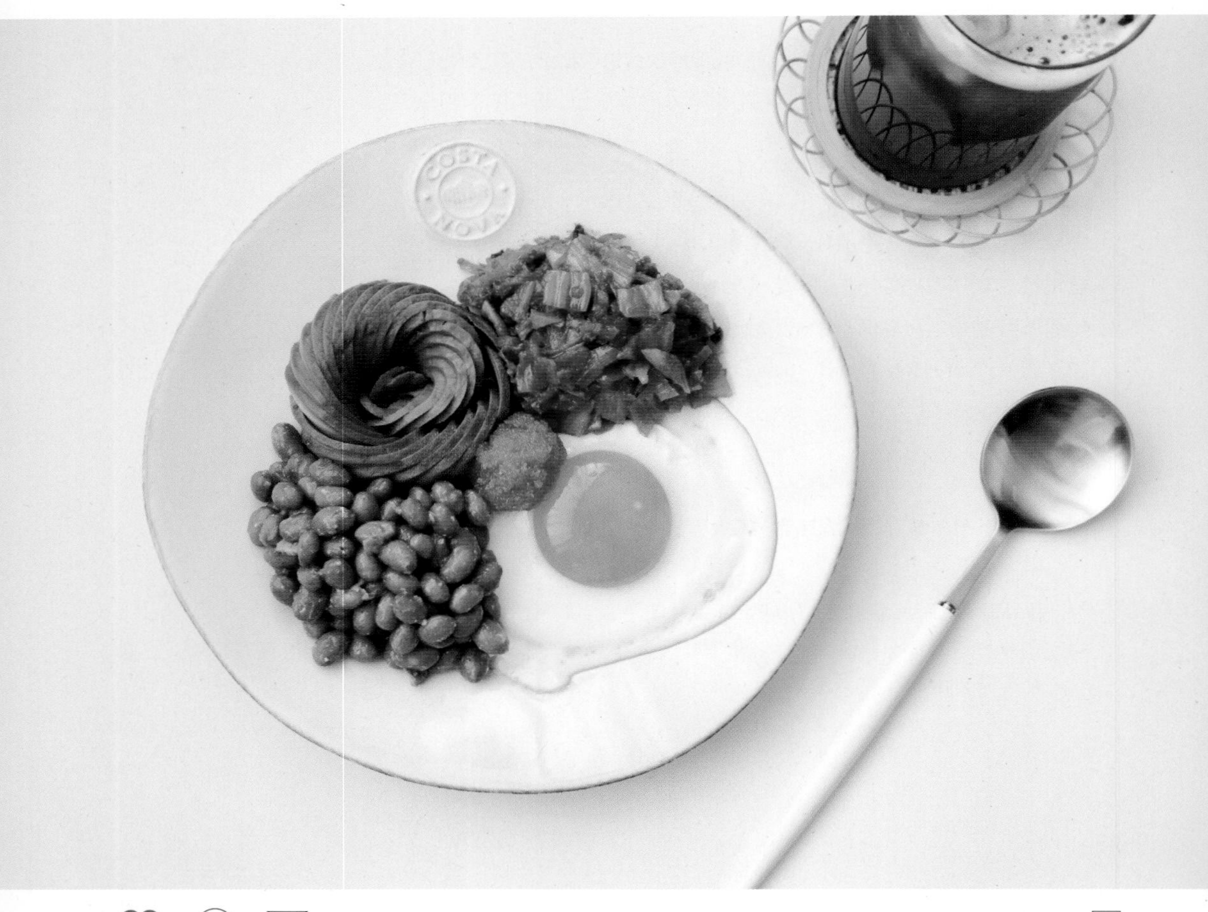

좋아요 32388개

#낫토 #콩단백질 #낫토입문자추천

낫토를 잘 못 먹는 편이에요. 그러나 김치와 아보카도를 함께 넣으면 정말 맛있게 먹을 수 있어요. 국내산 콩으로 만든 낫토를 선택하세요.

ssskim_낫토는 어느 회사 제품을 사용하나요?
by._.ahn_@ssskim 국내산 콩으로 발효시킨 바이오 청국장 제품이에요.

재료_1인분

아보카도 1/2개, 낫토 60g, 달걀 1개, 배추김치 70g, 명란젓 1t, 올리브오일 1T
에리스리톨 1t, 들기름 약간

만들기

1 배추김치는 잘게 썰어 올리브오일에 볶고 에리스리톨을 넣는다.
2 낫토는 충분히 섞어서 준비한다.
3 달걀프라이를 하고 아보카도는 모양을 내 잘라준다.
4 명란젓은 껍질을 제거한 후 올린다.
5 들기름을 둘러 비벼 먹는다.

tip_

3번 과정에서 아보카도는 잘게 깍둑 썰어도 좋고 채 썰어도 좋아요.

¤ 낫토
우리나라에 청국장이 있듯이 삶은 대두를 발효시켜 만든 일본 대두 발효 식품이다.

1인분	칼로리	지방	단백질	총탄수화물	식이섬유	순탄수화물
	583	49.05	19.1	23.14	13.8	9.34

부리토볼

좋아요 36277개

#소고기 #다짐육 #한우 #토르티야없음 #샐러드용슈레드치즈 #다양한요리에듬뿍뿌려서조리없이간편하게

맥시코 요리로 알려진 부리토는 원래 토르티야에 콩이나 고기 등을 감싸서 먹는데 키토식으로 즐길 때는 알맹이만 먹어요.

ssskim_더 이국적인 맛이 나면 좋겠는데 타코시즈닝을 두 배로 넣어도 될까요?
by._.ahn_@ssskim 타코시즈닝에는 소금이 들어 있으니 쿠민이나 오레가노를 넣어주세요.

재료_1인분

소고기 다짐육 100g, 아보카도 1/2개, 토마토살사 150g, 슈레드 믹스치즈 30g, 사워크림 1.5T
올리브오일 10ml, 타코시즈닝

만들기

1 소고기 다짐육에 타코시즈닝을 뿌려 오일을 두른 팬에 고슬고슬하게 볶는다.
2 토마토살사를 준비한다.
3 아보카도는 먹기 좋은 크기로 자르고 슈레드 믹스치즈는 샐러드용으로 준비한다.
4 볼에 모두 담고 사워크림과 섞어 먹는다.

tip_

토마토살사는 254쪽을 참고하세요.

¤ 부리토

토르티야에 소고기나 닭고기와 콩을 넣고 네모로 만들어 구운 후 소스를 발라 먹는 멕시코 전통 요리이다. 미국 텍사스와 멕시코 양식이 혼합된 요리를 뜻하는 텍스-멕스(tex-mex)에 해당한다.

1인분	칼로리	지방	단백질	총탄수화물	식이섬유	순탄수화물
	711	61.62	28.15	13.52	7	6.52

삼색소보루

좋아요 37629개

#소고기 #한우 #다짐육 #색깔고운밥 #한우협회 #볶은오이상큼 #매일휘핑크림

오이 대신 브로콜리나 아스파라거스로 대신해도 되고 정말 간단해요. 한 끼를 먹더라도 소중히 담아내면 적정량을 먹는 데 도움이 되더라고요.

ssskim_오이 대신 브로콜리나 양배추를 넣어도 좋을 것 같아요.
by._.ahn_@ssskim 취향에 따라 이것 저것 넣어보는 것도 재미있어요.

재료_1인분

소고기 다짐육 100g, 달걀 1개, 오이 1/3개, 버터 10g, 헤비크림 1T, 간장 0.5T
소금, 후추, 올리브오일 20ml

만들기

1 오이는 씨를 제거하고 0.5cm 크기로 잘라 오일을 두른 팬에 볶으며 소금과 후추로 간한다.
2 달걀은 헤비크림과 소금을 넣어 잘 풀어준다.
3 팬에 버터를 녹여 2의 달걀을 스크램블한다.
4 소고기 다짐육은 간장과 후추를 넣어 고슬고슬하게 볶는다.
5 간격을 맞춰 볶은 재료를 담아 낸다.

tip_

오이의 씨를 제거하면 수분 발생을 방지할 수 있어요.

¤ 헤비크림
유지방분이 40~50%로 많은 진한 생크림이다.
이 책에서는 휘핑크림, 생크림을 모두 헤비크림으로 표기했다.

1인분	칼로리	지방	단백질	총탄수화물	식이섬유	순탄수화물
	493	40.22	25.38	6.45	0.8	5.65

양송이수프

좋아요 41323개

#수프냐스프냐숲이냐 #매일휘핑크림 #국내산유크림의진한풍미 #상하슬로우버터

쌀쌀한 날씨엔 호로록 먹을 수 있는 수프가 좋더라고요. 주식이 고기이다 보니 가끔은 씹지 않아도 되는(?) 요리가 생각나기도 해요.

ssskim_볶고 갈고 과정이 복잡해 보여요.
by._.ahn_@ssskim 생각보다 어렵지 않아요. 양파를 잘 볶아 마이야르 반응이 일어나 감칠맛이 살아나고 풍미도 깊어요.

재료_3인분

양송이버섯 12개, 헤비크림 200ml, 물 200ml, 양파 1/8개, 마늘 2개, 버터 40g, 소금, 후추

만들기

1 마늘은 편 썰고 양파는 채 썬다.
2 버터 20g을 넣어 녹으면 마늘과 양파가 누진해질 때까지 볶는다.
3 양송이버섯은 얇게 썰어 버터 20g을 더 추가하고 2에 넣어 함께 볶는다.
4 물을 넣고 도깨비 방망이(믹서기)로 곱게 갈아준다.
5 헤비크림을 추가하고 약불로 데우듯 끓인다.
6 소금과 후추로 간을 한다.

tip_

물과 헤비크림은 1:1입니다.

¤ 마이야르 반응

아미노산과 환원당 사이의 화학 반응으로, 음식의 조리 과정 중 색이 갈변하면서 특별한 풍미가 나타나는 일련의 화학 반응을 일컫는다.

1인분	칼로리	지방	단백질	총탄수화물	식이섬유	순탄수화물
	355.33	35.87	3.27	5.97	1.13	4.84

단호박수프

좋아요 41652개

#단호박 #비오거나쌀쌀한날 #매일유업고품격정통휘핑크림

단호박은 비타민 B가 풍부하고 생각보다 당질이 높지 않아요. 정말 맛있으니 입터짐을 주의하세요.

ssskim_월계수잎은 빼도 되나용?
by._.ahn_@ssskim 물론 없어도 돼요.
ssskim_영상 보고 따라했어요. 그런데 단호박 풋내 같은 게 나는데 어떻게 제거할 수 있을까요?
by._.ahn_@ssskim 후숙이 덜 됐거나 덜 끓이면 풋내가 날 수 있어요. 한김 식힌 후 물을 조금 넣고 푹 끓여보세요.

재료_4인분

단호박 350g(껍질 제거 후 중량), 양파 1/2개, 버터 10g, 물 400ml, 헤비크림 350ml, 월계수잎 1장
소금, 후추

만들기

1 단호박의 껍질과 씨를 제거하고 사방 3cm 정도의 크기로 잘라준다.
2 양파는 채 썰어 준비한다.
3 냄비에 버터를 넣고 양파와 단호박을 넣어 볶아준다.
4 양파가 반 정도 투명해지면 물을 넣어 끓여준다.
5 단호박이 충분히 익으면 핸드블랜더로 곱게 간다.
6 헤비크림을 붓고 소금 간을 한 후 월계수잎을 넣고 약불에서 살살 저어가며 끓여준다.

tip_

* 후추는 미리 넣으면 지저분해요. 먹기 직전에 뿌려 주세요.
* 단호박을 전자레인지에 1~2분 돌려주면 껍질을 쉽게 제거할 수 있어요.
* 헤비크림 대신 우유를 넣지 마세요. 우유는 탄수 함량이 높고 우유 단백질은 염증을 유발할 수 있어요.
* 6번 과정에서 가볍게 섞어주는 느낌으로 저어주세요.
* 완성된 단호박수프에 70% 정도 휘핑한 크림을 얹으면 훨씬 부드러운 풍미를 즐길 수 있고 데코하기도 좋아요.

¤ 비타민 B가 풍부한 단호박은 생각보다 탄수화물 양이 많지 않다. 하지만 갑상선에 문제가 있거나 생리불순이 심한 여성에게는 복합탄수화물 섭취도 중요하니 적절하게 먹는 게 좋다.

1인분	칼로리	지방	단백질	총탄수화물	식이섬유	순탄수화물
	358.5	34.57	2.78	10.36	1.43	8.93

밀크스튜

좋아요 33345개

#스튜 #따끈따끈 #마음까지따뜻 #일본의니쿠자가는스튜영향

헤비크림보다는 가볍지만 크림의 고소함 그대로 느낄 수 있는 스튜예요. 유제품 알러지가 있다면 코코넛밀크나 아몬드밀크로 대체하세요.

재료_1인분

마늘 2개, 청양고추 1개, 양파 1/8개, 양송이버섯 2개, 새우 2마리, 조개 200g, 화이트와인 30ml
브로콜리 70g, 당근 20g, 우유 100ml, 물 100ml, 헤비크림 50ml, 소금, 후추, 파르메산치즈
쪽파, 올리브오일

만들기

1 조개는 미리 해감하고 깨끗하게 씻어둔다.
2 청양고추는 잘게 썰고 양파와 당근은 사방 1cm 크기로 자른다.
3 마늘은 편 썰고 양송이버섯은 4등분한다.
4 브로콜리와 새우는 작은 한입 크기로 자른다.
5 팬에 오일을 두르고 마늘, 고추, 양파를 볶는다.
6 마늘향이 올라오면 조개와 새우를 넣고 가볍게 볶은 후 화이트와인을 넣어 알코올을 날려준다.
7 우유, 물, 헤비크림을 넣고 끓기 시작하면 양송이버섯, 브로콜리, 당근을 넣어 약불에서 끓여준다.
8 소금, 후추, 파르메산치즈로 간한다.
9 쪽파를 올려 마무리한다.

tip_

해감된 조개도 판매하니 1번 과정은 생략될 수 있어요.

¤ 스튜
서양식 요리의 하나로 소고기, 돼지고기, 닭고기 따위에 버터와 조미료를 넣고, 잘게 썬 감자, 당근, 마늘 따위를 섞어 뭉근히 익혀서 만든다.

1인분	칼로리	지방	단백질	총탄수화물	식이섬유	순탄수화물
	486	34.15	25.01	21.56	3.8	17.76

미트볼크림스튜

좋아요 41287개

#소고기 #다짐육 #한우협회 #미트볼 #대량생산하면든든

미트볼을 반으로 쪼개서 크림을 듬뿍 올려 한입에 와앙 먹으면 세상 부러울 것이 없어요. 크림소스는 식어도 맛있어서 계절에 관계없이 자주 찾게 돼요.

ssskim_대량으로 만들어 놓고 싶은데 보관은 어떻게 해야 되나요?

by._.ahn_@ssskim 익힌 고기는 냉장이나 냉동을 하게 되면 누린내가 나요. 되도록 바로 만들어 먹는 것을 추천하지만 익힌 후 냉동 보관 하는 게 더 나아요.

재료_1인분

소고기 다짐육 150g, 양파 1/8개, 갈릭파우더, 소금, 후추, 버터 20g

소스: 양파 1/8개, 팽이버섯 한 줌, 양송이버섯 1개, 헤비크림 160ml, 소금, 후추

미트볼 만들기

1 양파 1/4개는 채 썰어 반은 두고 반은 버터 10g에 갈색이 날 때까지 충분히 볶아준다.

2 볶은 양파는 다져서 식힌 후 다짐육에 섞는다.

3 2에 소금, 후추, 갈릭파우더를 넣고 점성이 생기도록 치대준다.

4 4~5개 분량이 나오도록 나눈 후 성형하고 공을 던지듯이 양쪽 손으로 왔다 갔다 하면서 기포를 제거하며 찰기를 만들어 준다.

5 예열된 오븐 180도에 15분 굽는다.

크림소스 만들기

1 미트볼을 만들고 남은 1/8 분량의 양파를 버터 10g에 볶는다.

2 양파가 반 정도 익으면 헤비크림을 넣고 끓인다.

3 4~5cm 길이로 자른 팽이버섯과 슬라이스한 양송이버섯을 넣는다.

4 소금, 후추, 미트볼을 넣고 끓인다.

tip_

* 미트볼 만들기의 5번 과정에서 오븐이 없다면 에어프라이어도 가능해요.
* 스쿱을 이용하면 훨씬 쉽고 예쁜 모양으로 만들 수 있어요.

1인분	칼로리	지방	단백질	총탄수화물	식이섬유	순탄수화물
	1152	108.92	31.16	10.38	1.5	8.88

잡채

좋아요 60782개

#잔치음식 #천사채변신 #당면이랑똑같아 #명절에살찌지말자 #K-food

명절 때 몸무게 2kg 늘리는 건 일도 아니죠. 엄마의 요리 솜씨가 좋아 유혹을 뿌리칠 수 없지만 후폭풍이 두려워 지난명절에는 잡채를 만들어 갔어요. 천사채라고 하지 않으면 모를 만큼 잡채랑 똑같다며 식구들과 맛있게 먹었답니다.

ssskim_갈릭파우더와 어니언파우더는 왜 넣는 건가요?
by._.ahn_@ssskim 좀 더 풍부한 맛을 내기 위해 넣어요.

재료_3인분

소고기(잡채용) 130g, 당근 40g, 시금치 한 줌, 양파 1/4개, 표고버섯 작은 것 4개, 천사채 500g
다진 마늘 1t, 소금, 후추, 들기름 1.5T, 통깨, 대장부소주 1T, 올리브오일 30ml
양념장: 간장 3T, 에리스리톨 2T, 갈릭파우더, 어니언파우더, 대장부소주 1T

만들기

1 잡채용 소고기는 대장부소주, 소금, 후추, 다진 마늘을 넣고 밑간을 해둔다.
2 양념장의 재료를 모두 섞어 준비한다.
3 시금치는 소금을 넣은 끓는 물에 데쳐 소금과 들기름을 넣어 가볍게 무쳐준다.
4 마른 팬에 천사채와 2의 양념장 3T를 넣고 수분이 날아갈 때까지 볶는다.
5 밑간한 소고기는 오일을 두른 후 충분히 익혀준다.
6 당근, 표고버섯, 양파는 채 썰어 소금과 후추를 약간 넣고 각각 볶아준다.
7 모든 재료를 합치고 남은 양념을 넣어 잘 버무려준다.
8 간이 부족하다면 간장으로 맞추고 들기름(참기름)으로 마무리한 후 통깨를 뿌린다.

tip_

* 건표고버섯을 사용한다면 불린 물은 버리지 말고 요리에 사용하세요. 4번 과정에서 2T 정도 넣으면 버섯의 풍미가 깊어지고 감칠맛을 더해줘요.
* 베이킹소다는 식소다를 사용하고 많이 넣으면 쓴맛의 원인이 돼요.

¤ 천사채 삶기

1. 천사채를 찬물에 헹군 후 웍에 천사채 500g을 넣고 물은 천사채가 잠길 정도로 부어준다.
2. 물이 끓어오르면 베이킹(식)소다 1T를 넣고 불을 끈다.
3. 천사채가 부드럽게 풀릴 때까지 저어주고 투명해지면서 곱슬거리지 않고 일자로 펴지면 완성이다.
5. 찬물로 깨끗이 헹군 후 밀봉하여 냉장 보관한다.

※천사채는 풀어지지 않으면 딱딱하고 너무 풀어지면 뚝뚝 끊겨 먹을 수 없어요.

1인분	칼로리	지방	단백질	총탄수화물	식이섬유	순탄수화물
	236.33	16.27	13.3	9.94	2.23	7.71

쫄면/비빔국수

좋아요 38642개

#파래곤약면 #면은취향에따라선택 #저당질비빔국수

비빔국수가 먹고 싶었지만 쫄면에 가까운 맛이 탄생했어요. 물론 면의 식감이 쫄깃하진 않지만요. 키토김밥과 함께 먹으면 탄수인 부럽지 않은 분식 세트가 돼요.

ssskim_당질이 높은 이유가 뭔가요? 재료엔 당분이 거의 없는 것 같은데 곤약면 때문일까요?

by._.ahn_@ssskim 파래곤약이 200g에 탄수의 양이 5~6g 정도 돼요. 식이섬유가 표시되어 있지 않아 더 낮을 수도 있겠어요.

재료_1인분

파래곤약면 200g, 오이 1/5개, 삶은 달걀 1/2개, 식초 약간

양념: 키토고추장 1T, 다진 양파 0.5T, 에리스리톨 0.5T, 노슈가케첩 0.5T
애플사이다비네거 1.5T, 참기름 0.5T

만들기

1 곤약면은 식초를 1~2방울 넣은 물에 헹구어 물기를 제거한다.

2 양념 재료를 모두 섞어 준비한다.

3 오이는 채 썰고 달걀은 삶아둔다.

4 물기가 충분히 제거된 면에 양념을 넣고 오이와 삶은 달걀을 올린다.

tip_

* 오이 씨에도 렉틴이 있으니 주의하세요. 씨를 제거하고 채 썰어 준비하면 좋아요.
* 면은 당면화한 천사채도 좋고, 다른 곤약면을 선택해도 괜찮아요. 취향에 따라 선택하세요.
* 키토고추장 레시피는 26쪽을 참고하세요.
* 굿소스 케첩을 사용한다면 에리스리톨 0.5T를 더 추가해 주세요. 하인즈 제품이 당도가 높아요.

¤ 쫄면

짜장면과 쫄면의 발상지이자 칼국수 골목과 냉면 거리가 있는 인천은 면(麵)요리가 발달한 곳이다. 1935년 국내 최초 밀가루 공장인 일본제분 인천공장이 인천 중구에 들어섰고 쫄면은 제일 늦게 등장했는데 그 배경이 흥미롭다. 바로 실수로 탄생했기 때문이다. 1970년대 초 냉면을 만들던 광신제면에서 직원의 실수로 면을 잘못 뽑아 굵은 면이 나왔는데 버리기 아까워 공장 옆 분식집에 줬더니 분식집 주인이 비빔국수처럼 고추장과 야채를 넣고 버무렸다. 이게 인기를 끌면서 일대에 쫄면 거리가 생겼다.

1인분	칼로리	지방	단백질	총탄수화물	식이섬유	순탄수화물
	151	10.38	4.6	12.47	1.9	10.57

투움바파스타

좋아요 61227개

#아웃백레시피 #키토파스타 #저당질파스타 #toowoomba

발효되지 않은 콩은 렉틴 때문에 먹지 않으려고 하는 편이에요. 두부를 먹으면 소화불량과 체중증가가 되기 때문이에요. 그러나 건두부는 그 증상이 적어서 가끔 이용해요.

ssskim_건두부 대신 곤약면을 사용해도 되나요?
by._.ahn_@ssskim 곤약면에 염도를 가하면 수분이 빠져나와 크림과 분리되니 수분을 꼭 제거한 후 드세요.

재료_1인분

면두부 80g, 헤비크림 160ml, 양송이버섯 3개, 새우 4~5마리, 파슬리

양념: 쪽파 1T, 노슈가케첩 1T, 어니언파우더 0.5t, 갈릭파우더 0.5t, 파프리카파우더 0.5t
버터 10g, 파르미지아노 레지아노치즈 1T, 코코넛아미노스 1T, 소금, 후추

만들기

1 면두부는 찬물로 씻어 체에 밭쳐 물기를 제거한다.
2 헤비크림에 어니언, 갈릭, 파프리카 파우더를 넣고 섞어둔다.
3 양송이버섯은 크기에 따라 4등분 또는 2등분하고 쪽파는 0.5cm 크기로 자른다.
4 팬에 버터를 두르고 새우를 넣는다.
5 새우가 반투명해지면 양송이버섯을 넣어 볶다가 케첩을 넣는다.
6 헤비크림과 쪽파를 넣고 약불로 끓이고 농도는 물로 조절한다.
7 파르미지아노 레지아노치즈를 1T 정도 갈아서 넣어준다.
8 소금과 후추로 간하고 파슬리를 뿌려 마무리한다.

tip_

레지아노가 없다면 드라이파마산치즈를 사용해도 좋아요.

¤ 코코넛아미노스

아미노스는 간장과 같은 조미료를 지칭한다.

콩이 함유되어 있지 않고 글루텐, 유제품, 지방이 불포함되어 있다. 풍부한 아미노산과 낮은 GI지수, 100%유기농, Non GMO, Vegan OK의 특징을 갖는다.

1인분	칼로리	지방	단백질	총탄수화물	식이섬유	순탄수화물
	817	70.55	27.08	18.86	1.3	17.56

버섯루꼴라파스타

좋아요 38488개

#면두부 #알단테식감 #버섯과루꼴라조합 #어른입맛

버섯의 진한 향과 루꼴라의 향이 부딪힐 것 같지만 이 조화는 참으로 잘 어울려요. 입에 넣는 순간 눈이 번쩍 떠지는 맛이에요.

sskim_루꼴라 말고 다른 재료로 하고 싶은데 추천해줄 수 있나요?
by._.ahn_@ssskim 시금치를 맨 마지막에 넣고 가볍게 볶아줘도 되고 바질페스토를 얹어 먹어도 맛있어요.

재료_1인분

면두부 80g, 표고버섯 2개, 베이컨 3장, 마늘 2개, 루꼴라 10g, 육수 3T(or 치킨육수)
소금, 후추, 올리브오일 2T, 트러플오일 2T, 파슬리

만들기

1 면두부는 찬물에 씻어 체에 밭쳐 둔다.
2 표고버섯과 베이컨은 1cm 두께로 썰고 마늘은 편으로 썬다.
3 팬에 올리브오일을 두르고 마늘을 볶는다.
4 마늘 향이 올라오면 베이컨을 충분히 볶고 버섯을 넣어 함께 볶는다.
5 면두부와 육수를 넣고 전체적으로 어우러지도록 가볍게 볶아 소금과 후추로 간을 한다.
6 트러플오일을 뿌려 마무리한다.
7 접시에 담고 루꼴라와 파슬리를 올려 완성한다.

tip_

5번 과정의 육수는 34쪽을 참고하세요.

¤ 면두부
두부를 압착하여 수분을 크게 줄이고 그만큼 콩으로 채워 길게 썰어서 면으로 만든 제품이다.

¤ 루꼴라
약간 매운맛의 잎을 샐러드나 피자 등의 요리에 사용하며 꽃, 씨앗 등도 먹는다. 주로 지중해 연안 국가의 건조한 지역에 분포하며 대부분의 대륙에서 재배된다.

1인분	칼로리	지방	단백질	총탄수화물	식이섬유	순탄수화물
	518	44.11	18.71	12.52	1.4	11.12

STAUB

한우

한우는 맛도 좋지만 우리 몸에 필요한
양질의 단백질과 좋은 지방이 풍부하다.
성장 촉진뿐 아니라 노화방지와 각종 질병 예방에 큰 도움이 된다.
식물성 단백질에 비해 필수 아미노산이 풍부한 한우는
면역력을 높여주고 다이어트에도 효과를 준다.
특히 저탄고지 식단에서 빼놓을 수 없는 것이 소고기인데
안심보다는 지방이 많은 등심이나 갈빗살, 차돌박이 등을 선택하는 것이 좋다.
지방이 없는 부위를 조리할 때는 버터나 라드, 키토식에 적합한 오일을 추가하기를 권장한다.

한돈

키토식에서 가장 처음 접하거나 제일 많이 먹는 식재료는
단연 돼지고기의 삼겹살일 것이다.
저탄고지 다이어트 식단에서는 탄수화물의 비율을 줄이고
그 자리를 좋은 지방으로 채우는데 여기에는 삼겹살 외에도 항정살을 추천할 만하다.
돼지고기의 지방은 체내에서 분해가 잘되기 때문에 키토식에 제격이다.
특히 라드 같은 포화지방은 키토식에서 좋은 선택이라 할 수 있다.
안정적이고 항염증과 항산화효과가 있으며
이 외에도 건강상의 이점이 아주 많다.
고지방식단에는 포화지방산이 많을수록 좋기 때문이다.

#행복한 키토_소고기

#맛있는 키토_돼지고기

#다채로운 소스_볼로네제

#안식당

#일상의 저탄고지

#아이 러브 키토

볼로네제소스

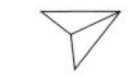

좋아요 41322개

#만능소스 #라구소스 #활용도GOOD! #파스타 #라따뚜이 #양송이핑거푸드 #소고기다짐육 #한우 #한우협회

활용도가 좋은 볼로네제는 라구소스라고도 하는데 늘 냉동실에 소분해 두고 먹어요. 탄수인 가족이 있다면 밥, 면 할 것 없이 모두 잘 어울리는 소스예요.

ssskim_타임과 오레가노를 꼭 넣어야 할까요?
by._.ahn_@ssskim 타임과 오레가노는 넣지 않아도 되지만 월계수는 꼭 넣어주세요.

재료_4인분

소고기 다짐육 400g, 양파1개, 당근1/2개, 샐러리 1줄, 양송이 2개, 토마토퓌레 200g
레드와인 100g, 버터 20g, 파르메산치즈 20g, 올리브오일 20ml, 월계수잎, 타임, 오레가노

만들기

1 준비한 채소 들은 모두 잘게 다져준다.
2 버터와 올리브오일을 두른 팬에 1을 모두 넣어 볶는다.
3 채소가 1/3 정도 익으면 소고기 다짐육을 넣어 함께 볶고 소금과 후추로 간한다.
4 어느 정도 고기가 익은 후 토마토퓌레를 넣어 섞고 와인을 부어 알코올을 날려준다.
5 월계수잎과 타임 등 허브를 넣어 30분간 약불로 끓여준다.
6 허브를 빼고 최종 간을 해준다.
7 오레가노와 파르메산치즈를 넣어 마무리한다.

tip_

소스가 만들어진 후 최종 간을 하기 때문에 중간에 넣는 소금은 주의해서 넣어주세요.

¤ 라구 알라 볼로네제

고기, 당근, 양파, 셀러리 다진 것을 볶은 후, 와인과 토마토를 넣어 약한 불에서 긴 시간 동안 끓여 만든 붉고 걸쭉한 파스타 소스이다. 라구소스 혹은 볼로네제소스라고도 하며 이탈리아 북부 볼로냐 지방의 특산 요리로 파스타와 함께 전통적으로 제공되는 대표적인 이탈리아 고기 소스 중 하나이다. 볼로네제소스는 소고기의 양지만을 사용해 만들고 양지와 함께 토마토와 와인을 오랫동안 뭉근하게 끓여 고기 고유의 맛을 우러나게 한다.

¤ 토마토퓌레, 토마토페이스트

잘 익은 토마토의 씨와 껍질을 제거한 과육이나 액즙을 졸이면 퓌레가 된다. 토마토페이스트는 토마토퓌레를 농축하여 전 고형분량이 24% 이상인 것을 말한다.

1인분	칼로리	지방	단백질	총탄수화물	식이섬유	순탄수화물
	408.5	32.52	20.91	6.7	1.55	5.15

라따뚜이

좋아요 51328개

#볼로네제소스 #프랑스프로방스지역의대표요리 #채소스튜

라따뚜이, 이름만 들어도 애니메이션의 요리사 생쥐 캐릭터가 제일 먼저 생각나지만 한 번 먹고 나면 그 생각은 싹 사라질 거예요. 굽는 시간을 조금만 늘리면 부드럽게 감기는 채즙을 느낄 수 있어요.

ssskim_토마토펄프는 당질이 낮아서 쓰신 건가요? 대체 소스로 뭐 없을까요?

by._.ahn_@ssskim 유기농이고 첨가물이 없어서 사용하고 있어요. 토마토퓌레라고 생각하시면 돼요. 토마토 페이스트도 있는데 농축된 제품이라 소량 사용하고 물을 첨가하면 돼요. 아니면 토마토를 데쳐서 껍질을 벗긴 후 잘게 썰어 사용해도 괜찮아요.

재료_2인분

볼로네제소스 120~150g, 토마토퓌레 3T, 가지 1개, 토마토 2개, 주키니 1/3개
올리브오일 20ml, 소금, 후추, 파르미지아노 레지아노치즈

만들기

1 볼로네제소스와 토마토퓌레를 섞어 팬 바닥에 깔아준다.
2 가지, 토마토, 주키니는 일정한 두께로 슬라이스하고 1위에 차례대로 교차해서 올려준다.
3 2에 소금, 후추를 뿌리고 올리브오일을 한 바퀴 둘러준다.
4 팬 크기에 맞춰 종이 포일을 도넛 모양으로 잘라주고 덮는다.
5 예열된 오븐 175도에 20~30분 굽는다.
6 구운 채소 위에 파르미지아노 레지아노치즈를 뿌리고 완성한다.

tip_

* 가지, 토마토, 주키니는 0.3cm 가량 두께로 일정하게 슬라이스해요.
* 볼로네제소스는 88쪽을 참고하세요.

¤ 라따뚜이
프랑스 프로방스 지역의 대표 요리로 가지, 호박, 피망, 토마토 등에 허브와 올리브오일을 넣고 뭉근히 끓여 만든 채소 스튜이다.

¤ 파르미지아노 레지아노
신선한 풀이나 마른 건초로 제한된 먹이를 먹고 자란 소의 우유를 사용하여 송아지 위장 속 천연 응고 효소를 사용하여 만든다. 방부제를 사용할 수 없으며 최소 숙성시간은 12개월이다.

¤ 그라나 파다노
마르지 않은 저장된 풀을 먹고 자란 소의 우유를 사용하여 지정된 박테리아 효소를 사용하여 만든다. 방부제를 일부 허용하며 9개월이 되면 판매 준비를 한다.

1인분	칼로리	지방	단백질	총탄수화물	식이섬유	순탄수화물
	295.5	19.89	11.06	21.03	9.75	11.28

양송이핑거푸드

좋아요 62087개

#볼로네제소스 #귀여워 #잔디인형코스프레 #치즈듬뿍덮어줘 #와인안주 #집들이음식

양송이버섯은 쓰임새도 다양하지만 볼로네제소스를 넣어 오븐이나 에어프라이어에 익히면 그 맛이 일품이에요. 도시락으로도 손색 없고 가벼운 와인 안주나 홈파티 음식으로 서브하기 좋아요.

ssskim_양송이버섯에 껍질이 있나요?

by._.ahn_@ssskim 기둥을 제거하고 움푹 파인 안쪽 부분을 잡아 떼어내면 껍질이 쉽게 벗겨져요. 꼭 제거하지 않아도 되지만 양송이 전처리 과정이에요.

재료_1인분

양송이버섯 6개, 볼로네제소스 50g, 슈레드 믹스치즈 30g, 파슬리

만들기

1 양송이버섯의 기둥을 제거하고 껍질을 살짝 벗겨낸다.

2 양송이를 뒤집어 안에 볼로네제소스를 넣어 채운다.

3 치즈로 덮어 예열된 오븐 180도에 5~10분 구워낸다.

4 파슬리는 다져서 위에 뿌려준다.

tip_

* 양송이버섯의 크기가 작으면 소스를 넣기 어려우니 어느 정도 사이즈가 있는 것을 선택하세요.
* 볼로네제소스는 88쪽을 참고하세요.

1인분	칼로리	지방	단백질	총탄수화물	식이섬유	순탄수화물
	218	15.89	13.28	6.77	1.8	4.97

피망오븐구이

좋아요 31832개

#볼로네제소스 #피망속에라구소스 #피망향이매력적 #초단간요리

볼로네제소스만 있다면 아주 간단하게 해결 할 수 있는 메뉴에요. 파프리카나 토마토의 속을 파낸 후 소스를 넣어서 치즈를 올려도 좋아요. 피망의 상큼한 향과 아주 잘 어울리고 입맛은 없지만 배고플 때 간단히 먹기 좋아요.

재료_2인분

볼로네제소스 120g, 토마토퓌레 2T, 피망 2개, 모차렐라치즈 50g

만들기

1 피망의 윗부분을 자르고 속을 파낸다.

2 볼로네제소스에 토마토퓌레를 넣고 볶아준다.

3 1에 2를 나누어 담고 모차렐라치즈를 올려준다.

4 예열된 오븐 180도에 10분 굽는다.

tip_

* 너무 오래 구우면 피망이 물러요. 아삭한 식감이 살도록 치즈가 녹을 정도로만 구워주세요.

* 볼로네제소스는 88쪽을 참고하세요.

¤ 피망

비타민 C의 함량이 매우 높은 채소로 고추를 개량하여 매운맛은 줄이고 과육의 아삭한 식감은 살린 식재료이다. 파프리카와 비슷하지만 피망은 색상 면에서 적색, 녹색 두 종류이나 파프리카는 색상이 다양하다. 맛의 차이도 있다. 피망은 약간 매운맛과 단맛이 있어 음식의 맛을 낼 때 주로 사용하고, 파프리카는 맛이 달짝지근하여 샐러드에 주로 사용한다.

1인분	칼로리	지방	단백질	총탄수화물	식이섬유	순탄수화물
	388	27.11	23.81	12.58	3.2	9.38

가지피자

좋아요 59746개

#가지 #피자로만들면어느새순삭 #부채꼴피자 #매일슈레드모짜렐라 #쫄깃하게쭉~늘어나는담백한치즈

피자 도우를 만들기가 어렵다면 가지를 사용해 보세요. 훨씬 쉽게 만들 수 있어요. 가지를 동그랗게 잘라 볼로네제소스를 가지 사이에 켜켜이 넣어주면 라자냐가 되기도 해요.

ssskim_블랙올리브 대신 피망이나 파프리카를 올려도 될까요?
by._.ahn_@ssskim 그럼요. 토핑에 따라 색다른 피자를 즐길 수 있어요.

재료_2인분

가지 1개, 볼로네제소스 200g, 모차렐라치즈 100g, 블랙올리브 4개, 소금

만들기

1 가지는 꼭지를 중심으로 0.3cm 두께로 슬라이스한다.
2 부채 모양으로 펼치고 소금을 약간 뿌려준 후 수분이 나오면 키친타월로 닦아준다.
3 볼로네제소스를 올리고 모차렐라치즈를 뿌려준다.
4 블랙올리브는 슬라이스해서 골고루 올려준다.
5 예열된 오븐 200도에 15분 굽는다.

tip_

* 부채처럼 생긴 가지의 한 쪽씩 잘라도 되고 스테이크를 자르듯 먹어도 좋아요.
* 초간단 가지피자지만 올리브 이외의 다른 내용물로 토핑해도 괜찮아요.
* 볼로네제소스는 88쪽을 참고하세요.
* 유튜브 영상은 가지라자냐예요.

¤ 라자냐

이탈리아 파스타 요리 중 하나다. 네모난 용기에 얇게 민 밀가루 반죽을 넓적한 직사각형으로 잘라서 만든 파스타를 토마토소스, 고기, 치즈 따위의 속재료를 겹겹이 쌓아서 오븐에 구워 낸 요리이다.

1인분	칼로리	지방	단백질	총탄수화물	식이섬유	순탄수화물
	385	25.35	23.09	17.84	8.1	9.74

수비드사태수육

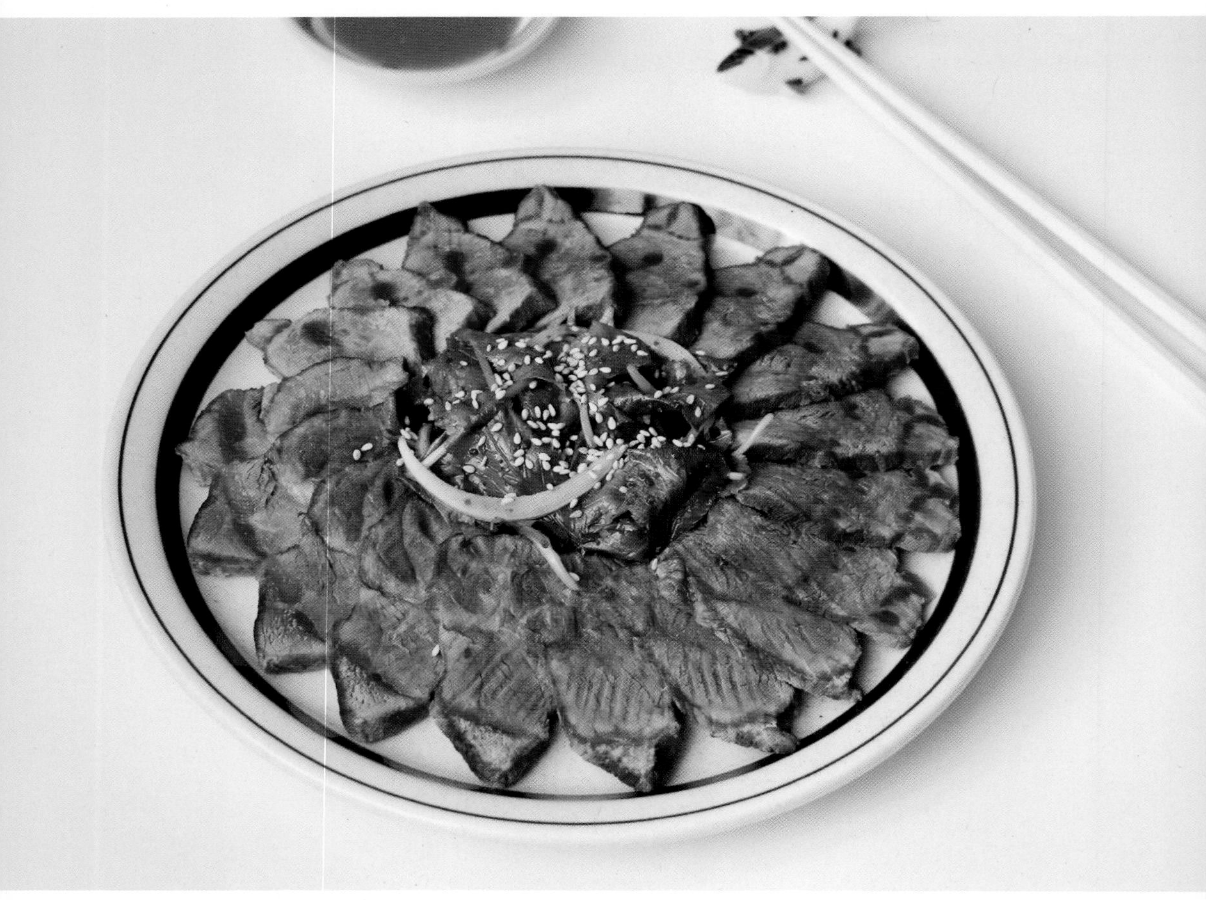

좋아요 67452개

#소고기 #사태 #수육 #한우 #한우협회 #보온만누르면완성 #오향장육보다맛나

사태를 부드럽게 먹으려면 아주 오래 삶아야 돼요. 전기밥솥을 이용해 보세요. 잠자리에 들기 전 보온 모드로 두고 자고 일어나면 수육이 완성되어 있어요. 인스턴트 팟이 부럽지 않아요.

ssskim_보온모드로 음식이 되다니 정말 놀라워요.
by._.ahn_@ssskim 잠자기 전에 보온모드로 두고 다음 날 아침에 꺼내면 딱 맞아요. 주말에 해먹기 좋은 아이템이에요.

재료_3인분

사태 500g, 된장 1T, 생강즙 2T, 대파 한 뼘(뿌리 포함), 양파 1/4개, 월계수잎 2장, 통후추 10알, 물

만들기

1 사태는 반나절 이상 찬물에 담가 핏물을 제거한다.
2 양파는 크게 두덩이로 자른다.
3 전기밥솥에 모든 재료를 넣고 된장은 뭉치지 않게 풀어주고 고기가 잠길 정도로 물을 넣어준다.
4 보온 모드로 8시간 이상 두면 부드러운 수육이 완성된다.

tip_

* 참나물을 샐러드로 만들어 곁들여 보세요.
* 양파를 얇게 썰어 참나물 샐러드 양념으로 수육과 함께 버무려도 좋아요.
  유명한 중국음식점의 자극적이지 않은 오향장육과 비슷한 맛을 느낄 수 있어요.
* 된장의 향이 거북하다면 소금으로 밑간을 하세요. 더욱 깔끔한 맛으로 완성돼요.
* 비닐 성분에 대한 확신이 없어서 비닐은 사용하지 않았어요.

¤ 참나물 샐러드 양념

고춧가루 1T, 액젓 1T, 에리스리톨 1T, 애플사이다비네거 1T, 들기름, 깨

¤ 수비드

적정 온도에서 비닐 안에 넣은 식품을 정확한 온도가 일정하게 유지되는 환경에서 익도록 해준다. 수비드에 사용되는 주방용 비닐은 식품의 맛 성분이 녹아 빠져나가지 않도록 보호해 주며, 진공 상태는 비닐을 마치 식품의 껍질처럼 딱 붙게 만들어 열 전도를 더욱 쉽게 한다. 또한 수비드는 무엇보다도 음식의 산화 속도를 더디게 할 뿐 아니라 비닐 밖으로 손실되는 성분이 없기 때문에 익히는 동안 맛을 증대시킨다. 적정 온도는 색과 식감을 살리는 데도 도움을 준다.

1인분	칼로리	지방	단백질	총탄수화물	식이섬유	순탄수화물
	192.67	4.91	34.63	0.12	0	0.12

굴라쉬

좋아요 62360개

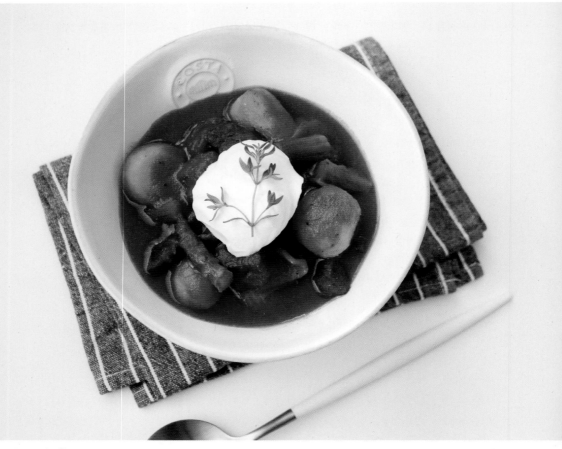

#소고기 #부채살 #한우 #한우협회 #야성적인맛 #돈스파이크가만든그요리

굴라쉬는 헝가리식 소고기 야채 스튜예요. 볼로네제소스와 재료가 비슷하게 들어가지만 맛은 전혀 달라요. 묵직한 느낌만큼 든든한 메뉴예요.

ssskim_매운가요?
by._.ahn_@ssskim 그리 맵지 않아요. 기호에 따라 카옌페퍼를 가감하면 돼요.

재료_3인분

소고기 부채살 500g, 토마토퓌레 300g, 당근 1/3개, 양파 1/2개, 무 1/5, 양송이버섯 3개
아스파라거스 5개, 레드와인 100g, 커리파우더 약간, 에리스리톨 1.5T, 소금, 후추
올리브오일 40ml, 카엔페퍼(선택)

만들기

1 부채살에 힘줄이 붙어 있다면 제거하고 2~3cm 큐브로 잘라준다.
2 고기에 소금, 후추, 올리브오일을 넣어 마리네이드 해준다.
3 당근, 양파, 무, 양송이버섯, 아스라파거스는 고기 사이즈와 비슷하게 잘라준다.
4 냄비에 올리브오일을 40ml 정도 넣고 고기를 볶는다.
5 당근, 무, 양파, 양송이버섯은 순서대로 넣어 볶고 토마토퓌레를 섞어준다.
6 5에 와인을 넣고 알코올이 날아가면 뚜껑을 덮어 뭉근하게 끓여준다.
7 한소끔 끓으면 아스파라거스, 커리파우더 약간, 소금, 후추, 에리스리톨을 넣어준다.

tip_

카엔페퍼는 기호에 따라 선택하세요. 매운 고춧가루를 사용해도 좋아요.

¤ 카엔페퍼
육류, 생선, 가금류, 소스 등에 사용하는 카엔페퍼는 생칠리를 잘 말려 가루로 만든 것이다.

1인분	칼로리	지방	단백질	총탄수화물	식이섬유	순탄수화물
	619	42.21	46.53	10.17	2.9	7.27

치즈함박스테이크

좋아요 43325개

#소고기다짐육 #한우 #어린이입맛 #취향저격 #소고기돼지고기섞어도좋아

제대로 된 함박스테이크라면 서니사이드업의 노른자 주르륵이 포인트죠. 나만을 위한 식사니까 한 끼를 먹더라도 제대로 먹어요. 생채소나 아보카도 혹은 브로콜리와 방울양배추 등을 팬에 살짝 구워 가니시로 올려도 좋아요.

ssskim_토마토퓌레 대신 하인즈 노슈가케첩 괜찮을까요?

by._.ahn_@ssskim 노슈가케첩에는 수쿠랄로스가 들어 있어요. 퓌레 대신 넣으면 너무 달아서 먹기에 쉽지 않을 거예요. 진한 맛도 안 나고요.

재료_1인분

소고기 다짐육 150g, 양파 1/8개, 갈릭파우더, 소금, 후추, 모차렐라치즈 20g, 달걀 1개, 버터 10g
소스: 양파 1/8개, 양송이버섯 1개, 토마토퓌레 2.5T, 간장 1T, 에리스리톨 1.5T, 후추 약간
올리브오일 10ml, 물 2~3T

만들기

1 양파 1/4개를 채 썰어 팬에 버터를 넣고 갈색이 날 때까지 충분히 볶아준다.
2 볶은 양파 반(1/8)을 다져서 식힌 후 다짐육에 섞는다.
3 2에 소금, 후추, 갈릭파우더를 넣고 점성이 생기도록 치대준다.
4 고기 반죽을 반으로 갈라 사이에 모차렐라치즈를 넣어 둥글게 성형하고 공을 던지듯이 양쪽 손으로 왔다 갔다 하면서 기포를 제거하며 차지게 만들어 준다.
5 예열된 오븐 180도에 15~20분 굽는다.
6 1의 팬에 남은 양파(1/8)와 양송이버섯을 슬라이스해 함께 볶고 나머지 소스 재료를 모두 넣어 끓여준다.
7 소스의 농도는 물 2~3T를 넣어 맞춰준다.

tip_

* 1번과 2번 과정에서 양파를 미리 다지면 캐러멜라이징이 되기 전에 타기 때문에 채 썰어 볶은 후에 다져요. 다지지 않으면 양파가 삐져나와 타기도 하고 패티를 뭉치기에도 적합하지 않을 뿐더러 식감마저 방해해요.
* 3번 과정에서 고기 반죽을 너무 많이 치대면 퍽퍽해질 수 있으니 적당히 주물주물 한 후 치대세요.
* 4번 과정에서 모차렐라치즈를 전자레인지에 10초 정도 돌려 둥글게 모양을 잡아주면 고기 반죽에 쉽게 넣을 수 있어요.
* 5번 과정에서 오븐이 없어 에어프라이어를 사용할 경우 중간에 한 번 뒤집어 주세요.
* 오븐과 에어프라이어가 없을 때는 프라이팬에 패티의 앞뒤를 먼저 구운 후 물을 조금만 넣어 뚜껑을 덮고 찌듯이 구워주세요.

1인분	칼로리	지방	단백질	총탄수화물	식이섬유	순탄수화물
	753	60.26	39.85	10.15	1.5	8.65

불고기

좋아요 31328개

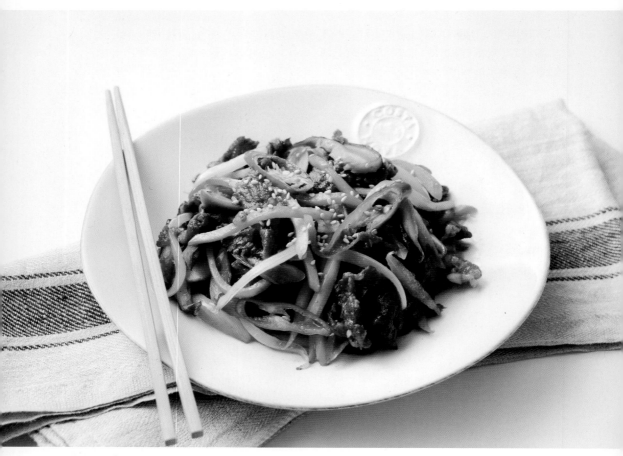

#소고기 #등심 #불고기감 #한우 #한우협회 #한우자조금관리위원회 #바싹불고기느낌

지방대사가 느린 사람에게는 지방이 적은 부위의 고기가 감량에 도움이 돼요. 저의 최애 감량템으로 액젓을 넣어 풍미도 깊고 일반식 불고기와는 달리 수분을 날리는 정도에 따라 바싹불고기의 식감을 느낄 수 있어요.

ssskim_ 지방이 너무 부족해 보여요.
by._.ahn_@ssskim 올리브오일을 넉넉히 둘러 볶으면 지방의 양을 채울 수 있어요.

재료_2인분

소고기 등심 400g, 양파 1/2개, 당근 40g, 청양고추 3개, 표고버섯 1개, 올리브오일 20ml, 통깨
양념: 간장 3T, 액젓 1T, 에리스리톨 3T, 다진마늘 1t, 생강가루, 후추, 들기름 1T

만들기

1 키친타월로 핏물을 제거한 후 붙어 있는 고기는 한 장씩 떼어준다.
2 양념 재료를 모두 넣고 조물조물 한 후 30분 정도 재워둔다.
3 양파, 당근, 버섯은 채 썰고 청양고추는 어슷 썰어 준비한다.
4 팬에 올리브오일을 넉넉히 두르고 재워둔 고기를 넣어 익혀준다.
5 고기가 어느 정도 익으면 준비한 채소를 넣어 휘리릭 볶아 마무리한 후 통깨를 뿌린다.

tip_

렉틴에 민감하다면 고추 씨를 제거하고 준비하세요.

¤ 렉틴

당 결합 식물성 단백질로 체내 세포막에 붙어 종종 건강을 파괴한다. 많은 렉틴 성분은 염증을 유발하고 신경을 손상하며 세포를 사멸하는 한편, 일부 렉틴은 혈액의 점성을 증가시킨다. 콩, 곡물 및 가지, 감자, 피망 등의 가짓과에 많이 포함되어 있다.

1인분	칼로리	지방	단백질	총탄수화물	식이섬유	순탄수화물
	732	57.88	38.15	12.46	2.1	10.36

비프캐서롤

좋아요 38881개

#소고기 #갈빗살 #원팬요리

하루에 한 끼는 제대로 차려 먹으려고 하는 편이에요. 그런데 피곤하면 설거지가 부담스러울 때가 있죠. 원팬으로 간편하게 해결할 수 있는 메뉴예요. 이것이야말로 한 그릇이죠.

ssskim_스테이크시즈닝이 없으면 소금, 후추만 넣어도 되나요?
by._.ahn_@ssskim 소금, 후추, 갈릭파우더, 어니언파우더, 오레가노 등을 넣으면 돼요.

재료_2인분

소갈빗살 200g, 달걀 1개, 가지 1/2개, 피망 1/3개, 주키니 1/5개, 양파 1/4개, 방울토마토 5개
스테이크시즈닝, 올리브오일 20ml

만들기

1 고기와 채소는 한입 크기로 썰어준다.
2 팬에 올리브오일을 두르고 고기와 스테이크시즈닝을 넣어 가볍게 익혀준다.
3 고기 겉면이 익으면 채소 들을 모두 넣고 시즈닝을 추가한다.
4 전체적으로 재료에 오일이 코팅되면 뚜껑을 덮어 찌듯이 익혀준다.
5 가운데에 달걀을 올리고 반숙으로 익힌다.

¤ 캐서롤
유리나 내열성 도자기로 만든 뚜껑이 달린 냄비. 오븐에 직접 넣어서 요리할 수 있는 장점이 있다.

¤ 시즈닝
향신료와 허브 등을 첨가하여 향과 맛이 나도록 양념하는 것으로 우리나라 용어로는 조미료라고 할 수 있다.

1인분	칼로리	지방	단백질	총탄수화물	식이섬유	순탄수화물
	430.5	31.71	24.67	12.39	6.15	6.24

스키야키

좋아요 31324개

#소고기 #등심 #샤브샤브와다름 #달걀찍먹 #노른자만찍먹해도돼

스키야끼는 간장을 베이스로 한 소스를 부어 자작하게 졸여 먹는 일본식 전골 요리예요. 샤브샤브보다 훨씬 더 감칠맛이 좋아서 자주 해먹어요.

재료_2인분

소고기 등심 300g, 달걀 2개, 대파 1/4대, 팽이버섯 1송이, 느타리버섯 1송이, 표고버섯 1~2개
알배추 1/3포기, 청경채 1송이, 쑥갓 약간, 주키니 1/6개, 천사채 당면 100g
소스: 육수 50g, 물 200g, 간장 50g, 대장부소주 2T, 에리스리톨 1T

만들기

1 고기와 채소는 먹기 좋은 크기로 썬다.
2 소스는 재료를 모두 섞어 에리스리톨이 녹을 때까지 끓인다.
3 팬에 소스를 자작하게 붓고 고기와 채소를 익힌다.
4 달걀을 풀어 찍어 먹는다.
5 소스가 부족하면 조금씩 추가하면서 먹는다.

tip_

천사채 당면은 77쪽을 참고하세요.
육수는 34쪽을 참고하세요.

1인분	칼로리	지방	단백질	총탄수화물	식이섬유	순탄수화물
	540.5	38.53	37.5	10.69	2.2	8.49

탕수육

좋아요 51328개

#돼지고기 #등심 #아보카도오일 #부먹 #찍먹

키토 튀김옷은 자꾸 벗겨져서(?) 곤란했어요. 그래서 타피오카 전분을 추가하니 접착제 역할을 제법 잘해냈어요. 이 반죽으로 여러 가지 활용도가 좋을 것 같아요.

ssskim_잔탄검 대신 차전자피를 넣어도 될까요?

by._.ahn_@ssskim 차전자피도 걸쭉해지긴 하는데 전체적으로 잘 퍼질지는 모르겠어요. 소량만 해보시고 불가능하다면 소스는 그냥 드시는 걸 추천드려요.

재료_3인분

돼지 등심 400g, 다진 생강 1t, 소금, 후추, 아보카도오일(코코넛오일 or 라드)
반죽: 아몬드가루 60g, 아보카도오일 30ml, 달걀 2개, 타피오카 전분 0.5T
소스: 피망 1/4개, 양파 1/4개, 당근 1/4개, 레몬 1/3개, 간장 2T, 에리스리톨 3T
애플사이다비네거 5T, 토마토퓌레 1T, 잔탄검 1t

만들기

1 돼지 등심은 1cm 두께 5cm길이로 잘라 소금, 후추, 생강에 재워둔다.
2 아몬드가루에 오일을 넣어 섞은 후 달걀과 타피오카 전분을 넣어 반죽을 만든다.
3 등심에 2의 튀김옷을 입힌 후 오일에 튀겨준다.
4 피망, 양파, 당근, 레몬을 비슷한 크기로 자른다.
5 4의 소스용 채소와 양념을 모두 넣어 끓이고 잔탄검은 나중에 넣어준다.
6 소스가 끓으면 4~5T를 덜어 잔탄검과 섞고 체에 거르면서 기존 소스와 섞어준다.

tip_

반죽에 타피오카를 넣지 않으면 기름에 넣는 순간 튀김옷이 다 벗겨져요.

¤ 잔탄검
주로 양배추에서 얻은 균에 탄수화물을 주입해 발효시켜 만든 혼합물이다. 포도당, 칼륨, 칼슘염 등으로 이루어져 있으며, 점성을 만들어 주는 천연 점증제 역할을 하는 식품첨가물이다. 엷은 노란색 가루로 물에 잘 녹는다.

¤ 타피오카
열대작물인 카사바의 뿌리에서 채취한 식용 녹말이다. GI지수가 낮은 저항성 전분으로 체내 소화효소에 의해 잘 분해되지 않는다. 식이섬유와 유사하게 작용한다.

1인분	칼로리	지방	단백질	총탄수화물	식이섬유	순탄수화물
	626.33	49.69	39.5	6.26	2.33	3.93

차돌박이숙주볶음

좋아요 41128개

#차돌박이 #소고기 #한우 #숙주 #술안주 #그냥모든게술안주

차돌박이는 기름이 많아 저탄고지 요리에서 빼놓을 수 없는 소고기 부위예요. 조금만 먹어도 질리기 때문에 숙주와 셀러리를 함께 볶으면 얼마든지 먹을 수 있어요.

ssskim_셀러리 못 먹는데 처음으로 볶아서 먹어봤어요. 신세계예요!

by._.ahn_@ssskim 셀러리 향을 싫어하는 분들이 많더라고요. 셀러리를 볶으면 향이 어느 정도 사라지고 아삭함만 남아서 쉽게 접할 수 있을 거예요.

재료_2인분

차돌박이 300g, 숙주 300g, 셀러리 1/2줄기, 들기름 1T, 홍고추(선택)

양념: 간장 0.5T, 액젓 1T, 대장부 1T, 생강즙 1T, 후추

만들기

1 양념 재료를 모두 섞어 준비한다.

2 숙주는 깨끗이 씻고 셀러리는 어슷 썰어둔다.

3 차돌박이를 팬에 익혀주고 반 정도 익으면 양념을 넣는다.

4 고기가 80% 정도 익으면 숙주와 샐러리를 넣어 빠르게 볶아준다.

5 불을 끄고 들기름을 둘러 마무리한다.

tip_

차돌박이는 얇아서 금세 익으니 신경써서 볶아 주세요.

¤ 차돌박이

소의 양지머리뼈의 한복판에 붙은 기름진 고기이다.

¤ 셀러리

산형과의 한해살이풀 또는 두해살이풀. 6~9월에 흰색 꽃이 피고 전체에 향기가 있어 식용으로 재배한다. 잎, 줄기 부분이 샐러드, 생즙, 구이, 찜 등에 활용되는 식재료이다.

1인분	칼로리	지방	단백질	총탄수화물	식이섬유	순탄수화물
	484.5	37.34	31.41	3.72	1.75	1.97

차돌박이짬뽕

좋아요 73328개

#짬뽕 #중식 #얼큰한국물 #차돌박이

차돌박이와 새우는 항상 냉동실에 있기 때문에 얼큰한 국물이 생각날 때마다 만들어 먹어요. 채소를 가득 넣으면 면이 없어도 아쉽지 않아요.

재료_1인분

차돌박이 100g, 새우 1마리, 양파 1/4개, 대파 1/4대, 양배추 80g, 청경채 1개, 라드 1T

양념: 육수 50ml, 물 350ml, 간장 1T, 액젓 1T, 고춧가루 1T

만들기

1 대파는 송송 썰고 양배추는 1cm 두께로 썰고 양파는 채 썬다.
2 웍에 라드를 녹이고 대파를 넣는다.
3 대파 기름이 만들어지면 간장 1T를 넣어 눌려준다.
4 차돌박이를 넣어 볶고 어느 정도 익으면 양파와 양배추를 넣어 빠르게 볶는다.
5 고춧가루를 넣어 볶은 후 육수와 물을 부어준다.
6 새우, 액젓, 청경채를 넣어 끓이고 새우가 익으면 다 된 것이다.

tip_

* 육수가 없다면 물로 대체하고 에리스리톨을 0.5T 추가해 주세요.
* 육수는 34쪽을 참고하세요.

1인분	칼로리	지방	단백질	총탄수화물	식이섬유	순탄수화물
	487	37.07	24.47	16.2	6.8	9.4

전기밥솥저수분수육

좋아요 52132개

#한돈 #돼지고기 #수육 #삼겹살만먹기지겨워 #앞다리살

수육을 삶으려면 시간이 꽤 걸리는 요리라서 번거로웠어요. 그리고 밥을 거의 해먹지 않으니 전기밥솥은 자리만 차지하고 있는 요물단지였죠. 이젠 버튼 하나로 수육을 만들어 보세요.

ssskim_꼭 앞다리만 사용해야 하나요?

by._.ahn_@ssskim 각자 취향에 따라 삼겹살이나 목살로 선택해도 괜찮아요. 저는 앞다리살이 쫀득하고 경제적이라 추천해요.

재료_4인분

수육용 앞다리살 800g, 양파 1개, 된장 2T, 월계수잎 1~2장, 대장부소주 2잔, 물 2잔

만들기

1 고기에 된장을 발라 밑간을 해준다.

2 양파는 1cm 두께로 둥글게 잘라서 밥솥 밑바닥에 깔아준다.

3 고기의 지방 부위가 위로 가도록 둔다.

4 월계수잎 1~2장을 올려주고 대장부소주와 물을 바닥에 부어준다.

5 잡곡모드로 눌러준다.

tip_

* 대장부소주와 물은 소주잔 기준입니다.
* 무쇠팬에 고기의 4면을 바싹 구운 후 익히면 육즙이 덜 빠져나가 촉촉하게 먹을 수 있어요.
* 고기 부위는 취향에 따라 선택하세요.
* 자투리 무, 당근 등으로 양파 대신 사용해도 좋아요.
* 3번 과정에서 고기의 지방 부위가 위로 가면 지방이 아래로 흘러 육질의 부드러움을 느낄 수 있어요.
* 5번 과정에서 밥솥의 크기나 고기의 양에 따라 조리시간이 달라질 수 있어요.

¤ 대장부소주

과당과 포도당이 첨가되어 있지 않은 증류소주다. 우리가 흔히 접하는 소주에는 당이 첨가되어 있다.

1인분	칼로리	지방	단백질	총탄수화물	식이섬유	순탄수화물
	502.33	33.8	45.1	2	0.5	1.5

토마토제육볶음

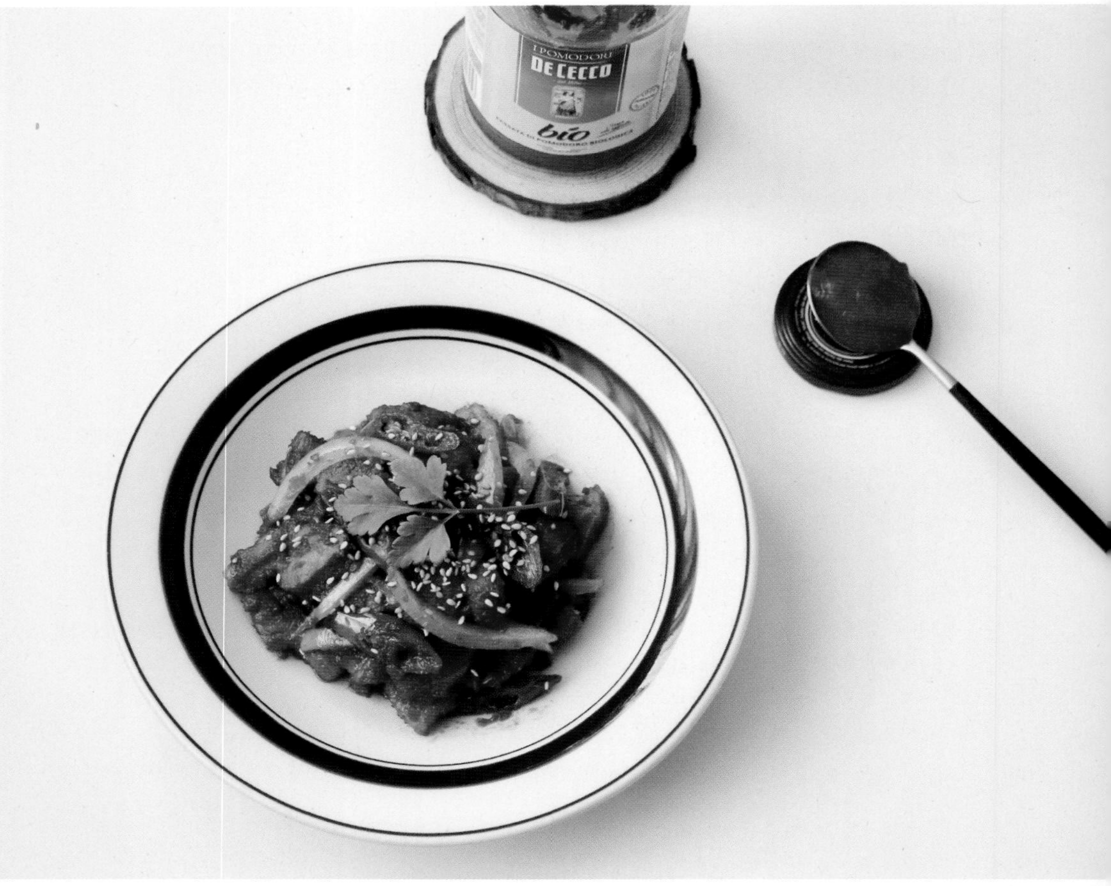

좋아요 38132개

#한돈 #돼지고기 #삼겹살 #깔끔한제육

시판 고추장은 먹을 수 없고, 맛있는 제육볶음이 그립던 어느 날, 빨간 토마토퓌레가 눈에 들어왔고, 우연히 만들어진 레시피예요. 고추장의 텁텁함이 없어서 깔끔하고 맛있어요.

ssskim_우리집엔 에리스리톨이 없는데 스테비아를 넣어야겠어요.
by._.ahn_@ssskim 스테비아는 정말 소량만 넣어야 해요! 스테비아1g = 에리스리톨160g 당도 차이가 있어요.

재료_2인분

삼겹살 500g, 양파 1/2개, 청양고추 2개

양념: 간장 2T, 에리스리톨 2T, 고춧가루 2T, 다진 마늘 1t, 소금, 후추, 토마토퓌레 4~5T

만들기

1 삼겹살은 한입 크기로 자르고 양파는 굵게 채 썰고 고추는 어슷 썰어 준비한다.

2 팬에 삼겹살을 넣고 50% 정도 구워준 후 채소를 제외한 모든 양념을 넣어준다.

3 고기가 충분히 익으면 채소를 넣고 빠르게 볶아서 마무리한다.

tip_

* 마늘은 염증을 유발하고 장내 환경을 망가뜨릴 수 있으니 예민한 사람은 제외하고 먹기를 권해요.
* 3번 과정에서 빠르게 볶아야 채소의 아삭한 식감을 유지할 수 있어요.

1인분	칼로리	지방	단백질	총탄수화물	식이섬유	순탄수화물
	882.5	71.92	45.72	11.69	3.5	8.19

돼지갈비찜

좋아요 53527개

#한돈 #돼지고기 #갈비찜 #전기밥솥

갈비찜도 전기밥솥을 이용하면 쉽게 만들 수 있어요. 그동안 불조절에 실패했다면 이젠 안심하세요. 만약 일반 냄비를 사용한다면 센 불로 끓이다가 중불로 줄이고 바닥에 눌어 붙지 않도록 수시로 잘 섞어주세요.

ssskim_이 담백한 맛은 무엇 때문일까요?
by._.ahn_@ssskim 액젓을 넣으면 맛이 담백하고 풍미가 살아나요.

재료_4인분

돼지갈비 1.3kg, 당근 1/2개, 무 1/4개, 표고버섯 3개, 대파 1/3대, 대장부소주 2T, 월계수잎 2~3장
양념: 간장 50ml, 액젓 2T, 대장부소주 4T, 에리스리톨 5T, 다진 생강 1t, 다진 마늘 1t
양파 1/2개, 들기름 1T, 후추

만들기

1 돼지갈비를 깨끗이 씻고 살이 두툼한 부분은 칼집을 내어 반나절 이상 찬물에 담가 핏물을 뺀다.
2 대장부소주, 월계수잎 2장을 넣고 끓는 물에 고기를 데친 후 찬물에 씻어 불순물을 제거한다.
3 양파는 토막내어 액체류 양념과 함께 믹서기에 갈아준다.
4 3에 모든 양념 재료를 섞는다.
5 당근과 무는 갈비보다 약간 작은 사이즈로 잘라 둥글게 깎아준다.
6 표고버섯은 별모양으로 칼집을 내주고 대파는 송송 썰어 둔다.
7 준비한 모든 재료를 섞고 전기밥솥에 넣어 찜 모드로 취사한다.

tip_

고기는 익으면 사이즈가 줄어요. 채소를 그 사이즈에 맞추면 전체 밸런스가 맞지 않아요.

1인분	칼로리	지방	단백질	총탄수화물	식이섬유	순탄수화물
	550.75	30.85	57.38	7.51	2.03	5.49

군만두

좋아요 41321개

#돼지고기 #다짐육 #포두부 #만두피가두부 #쉬운만두

포두부를 한 번 씻어 물기를 제거하고 고기를 양념해 간단하게 싸면 초간단 만두가 돼요. 일반 만두처럼 사방을 여미지 않아도 되니 금방 만들어요.

재료_4인분
돼지고기 다짐육 400g, 포두부 26장, 대파 1대, 숙주 80g, 올리브오일 40ml
양념: 간장 1T, 액젓 1T, 들기름 1t, 다진 생강 1t

만들기

1. 숙주를 끓는 물에 데쳐 물기를 꼭 짜서 대파와 함께 다진다.
2. 포두부는 찬물에 씻어 물기를 제거한다.
3. 다짐육에 모든 양념과 다진 채소를 넣고 섞는다.
4. 포두부에 만두소 0.5T씩 넣어 한 번 접어준다.
5. 이음새가 바닥으로 가도록 하고 오일을 두른 프라이팬에 굽는다.

tip_

* 만두피의 이음새가 프라이팬 바닥으로 가도록 해야 잘 붙어요. 이음새 부분이 익으면 뒤집어서 익혀요.
* 아래 사진과 같이 대파에 사선으로 칼집을 넣으면 다지기 쉬워요.

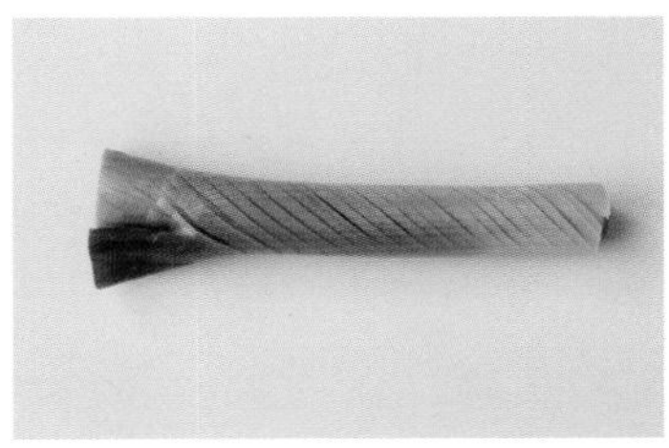

1인분	칼로리	지방	단백질	총탄수화물	식이섬유	순탄수화물
	333.5	25.3	21.86	3.4	0.65	2.75

대파만두

좋아요 62377개

#대파 #만두소 #다짐육 #돼지고기 #한돈 #만두피대신대파 #파향이고기잡내잡아줘

돼지고기와 궁합이 잘 맞는 것이 몇 가지 있는데 그 중 하나가 대파예요. 만드는 재미가 있어서 아이들과 함께 하면 좋아요. 냉동하지 말고 바로 드세요.

ssskim_대파만두는 처음 봐요. 꼭 해보고 싶어요.
by._.ahn_@ssskim 만두피에 따라 만두 이름도 달라지죠. 전라도음식이라고 해요.

재료_3인분

돼지고기 다짐육 400g, 대파 2대, 액젓 1T, 간장 1T, 에리스리톨 0.5T(선택), 달걀 2개, 올리브오일

만들기

1 대파 1대를 잘게 다진다.

2 1과 다짐육을 합쳐 액젓, 간장, 에리스리톨을 넣어 버무려 만두소를 만든다.

3 남은 대파 1대는 5cm 길이로 자른 후 아래쪽은 2cm 정도 남기고 세로로 6등분하여 칼집을 낸다.

4 6등분한 부분을 벌려 2의 만두소를 넣는다.

5 달걀물을 묻혀서 팬에 구워준다.

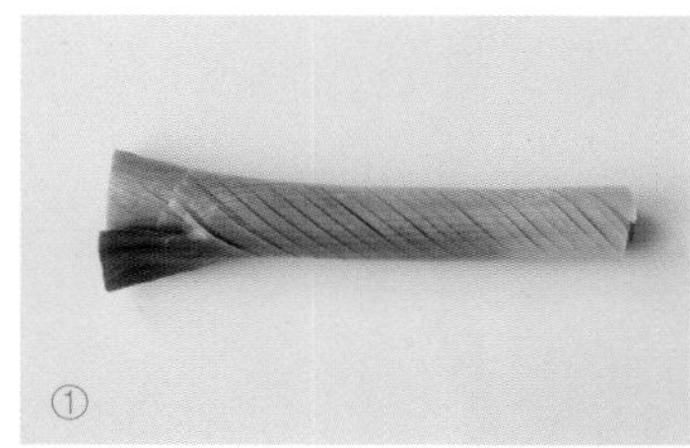

①

②

tip_

* 1번 과정에서 대파를 ①의 사진과 같이 사선으로 칼집을 내면 쉽게 다질 수 있어요.
* 3번 과정은 ②의 사진처럼 넣으면 돼요.

¤ 파만두

파를 쪼개어 가운데에 소를 넣어 옥잠화처럼 만든 만두로 전라도 음식이다.

1인분	칼로리	지방	단백질	총탄수화물	식이섬유	순탄수화물
	401	29.39	27.64	4.8	1.73	3.07

치즈돈까스

좋아요 42132개

#등심 #돼지고기 #한돈 #돈까스

탕수육 반죽을 베이스로 바삭하게 돈까스를 튀겨 간단하게 데미그라스 스타일 소스를 만들었어요. 치즈까지 넣으니 든든해요. 초딩 입맛은 아닌데 가끔 돈까스가 생각나요. 입맛도 변하나 봐요.

재료_1인분

돼지 등심 130g, 다진 생강 0.5t, 소금, 후추, 스트링치즈 1개, 아보카도오일(라드, 올리브오일)
반죽: 아몬드가루 30g, 아보카도오일 15ml, 달걀 1개, 타피오카 전분 1t, 치차론 50g
소스: 토마토퓌레 3T, 헤비크림 1T, 코코넛아미노스 1T, 후추

만들기

1 등심은 2장을 준비해서 소금, 후추, 생강에 재워둔다.
2 아몬드가루에 오일을 넣어 섞은 후 달걀과 타피오카 전분을 넣어 반죽을 만든다.
3 치차론은 지퍼팩에 담아 밀대로 두들겨 튀김가루를 만든다.
4 등심을 칼등으로 두들겨 넓고 얇게 만들어 주고 그 사이에 반으로 자른 스트링치즈를 넣어준다.
5 치즈가 나오지 않도록 등심 테두리를 칼등으로 두들겨 접착시킨다.
6 반죽을 묻히고 치차론 튀김가루를 덮은 후 오일에 튀겨준다.
7 팬에 소스 재료를 모두 넣어 가볍게 데워준다.

¤ 코코넛아미노스

아미노스는 간장과 같은 조미료를 지칭한다. 콩이 함유되어 있지 않고 글루텐, 유제품, 지방이 포함되어 있지 않다. 풍부한 아미노산과 낮은 GI지수, 100%유기농, Non GMO, Vegan OK의 특징을 갖는다.

¤ 치차론

치차론은 스페인어로 '돼지 비계'를 의미하는데, 본래 돼지 껍데기를 튀긴 음식으로 코스 요리에서 입맛을 돋우는 전채요리였으나 세월이 흘러 다양하게 활용되어 삼겹살 또는 갈비 등의 돼지 부위를 튀긴 음식도 치차론이라고 부르게 되었다.
양념이 되지 않은 돼지껍데기 튀김과자를 사용하면 된다.

1인분	칼로리	지방	단백질	총탄수화물	식이섬유	순탄수화물
	1235	100.49	69.29	15.52	3.9	11.62

슈바인스학세

좋아요 57665개

#돼지고기 #통다리 #독일식족발 #정통슈바인스학세는흑맥주사용 #슈바인학센

독일식 족발인 슈바인스학세는 흑맥주를 사용하는 레시피인데 탄산수와 와인으로 대신해 키토식으로 바꿔봤어요. 이제 집에서도 충분히 즐겨보세요. 사우워클라우트를 곁들이면 좋아요.

ssskim_통다리는 어디서 구매하나요?
by._.ahn_@ssskim 돼지통다리 또는 쫄다리로 검색해서 냉장 제품으로 선택하세요.

재료_3인분

통다리 1.4kg, 양파 1개, 레드와인 200ml, 탄산수 200ml, 캐러웨이씨드 2~3T, 올리브오일 30ml
소금, 후추

만들기

1 통다리는 하루 이상 찬물에 담가 핏물을 제거한다.
2 양파는 채 썰어 트레이 바닥 전체에 깔아준다.
3 통다리에 올리브오일을 바른 후 소금, 후추, 캐러웨이씨드를 전체에 묻혀준다.
4 양파 위에 통다리를 올려준다.
5 트레이에 레드와인과 탄산수를 부어준다.
6 예열된 오븐 160도에 90분 굽고 2차로 140도에 90분 굽는다.
7 2차 굽기 중에는 15분 간격으로 바닥에 있는 와인과 탄산수를 끼얹어 주며 구워준다.

tip_

* 양파는 먹지 않고 버리기 때문에 예쁘게 썰지 않아도 돼요.
* 캐러웨이는 독일요리에서 많이 쓰이는 향신료예요.
* 사우워클라우트는 256쪽을 참고하세요.

1인분	칼로리	지방	단백질	총탄수화물	식이섬유	순탄수화물
	568	42.3	43.4	0	0	0

등갈비구이

좋아요 43448개

#등갈비 #돼지고기 #한돈 #뜯어야제맛 #뜯고씹고맛보고즐기고

저는 뼈에 붙어 있는 고기가 가장 맛있더라고요. 비닐장갑을 낀 채 하나씩 들고 뜯으면 정말 고기 먹는 맛(?)이 나요. 갈비찜도 맛있지만 양념에 조린 등갈비도 한 끼 식사로 훌륭해요.

ssskim_오븐에 굽지 않고 양념 모두 넣어서 구워도 되나요?

by._.ahn_@ssskim 모두 다 넣어서 조리하면 양념이 금방 타고 고기가 익지 않을 수 있어요. 찜처럼 부드럽게 먹고 싶다면 물을 추가해서 조리하세요.

재료_3인분

등갈비 1kg, 소금 약간

양념: 간장 3T, 물 2T, 알룰로스 2T, 발사믹비네거 1.5T, 대장부소주 1.5T
갈릭파우더 1t, 어니언파우더 1t, 후추 1t

만들기

1 등갈비는 찬물에 담가 하루 정도 핏물을 제거한다.

2 뼈 사이를 자르고 가볍게 소금을 뿌려 예열된 오븐 180도에 15분, 뒤집어서 15분 굽는다.

3 프라이팬에 구운 등갈비를 올리고 양념을 모두 섞어 약불로 조린다.

4 양념이 골고루 배도록 자주 뒤집어준다.

tip_

양념이 잘 배도록 자주 뒤집어 주세요. 팬 바닥에 양념이 보이지 않으면 완성이에요.

1인분	칼로리	지방	단백질	총탄수화물	식이섬유	순탄수화물
	953.67	78.62	54.69	6.75	4.57	2.18

카베츠롤

좋아요 78328개

#양배추 #다짐육 #돼지고기 #한돈 #양배추만두 #양배추롤 #소스가최고

양배추 한 통은 양이 많아 남기게 마련이에요. 커다란 양배추잎에 고기를 싸서 먹으면 배부른 식사를 할 수 있어요.

ssskim_보관은 어떻게 하나요?
by._.ahn_@ssskim 찜기로 찐 후 냉동 보관하면 돼요.

재료_3인분

양배추잎 6장, 돼지고기 다짐육 400g, 소고기 다짐육 100g, 양파 1/2개, 고춧가루 1T
대장부소주 1T, 소금, 후추, 슈레드 믹스치즈 70g
소스(1인분): 물 200ml, 헤비크림 150ml, 코코넛아미노스 1T

만들기

1 양배추잎은 깨끗하게 씻어 그릇에 담고 물 1/3을 채워 랩을 씌운다.
2 이쑤시개로 랩에 구멍을 몇 개 뚫고 전자레인지에 8~10분 돌려준다.
3 한김 식힌 후 두꺼운 심지 부분은 슬라이스로 제거해 부드럽게 한다.
4 양파를 다진 후 고기, 고춧가루, 대장부소주, 소금, 후추, 치즈를 섞어 소를 만든다.
5 양배추에 소를 넣어 말아준다.
6 팬에 양배추롤을 넣고 물 200ml를 부어준다.
7 뚜껑을 덮어 약불로 10분 정도 찌듯이 익힌다.
8 헤비크림과 코코넛아미노스를 넣고 뚜껑을 덮어 충분히 익혀준다.

tip_

* 5번 과정에서 양배추 심지 부분이 안쪽으로 들어갈 수 있도록 해주세요.
* 돼지고기의 기름기가 적으면 버터를 한 조각 넣어 주세요.

1인분	칼로리	지방	단백질	총탄수화물	식이섬유	순탄수화물
	1179	102.63	42.87	20.48	3.8	16.68

달걀

달걀에는 성장에 필요한 필수 아미노산은 물론
레시틴, 철분, 인, 비타민 A 등이 다량 함유되어 있어 완전식품으로 알려져 있다.
단일 식품으로는 달걀이 가장 뛰어난 단백질 식품으로
천연식품 중 필수 아미노산이 고루 들어 있는 우수식품이다.
노른자에는 지방이 32.6퍼센트나 들어 있고
소화흡수가 잘 되어 98퍼센트의 소화율을 나타내기도 한다.
레시틴이 많아 간에 쌓이기 쉬운 지방을 제거해주는 고마운 식재료이다.

ZEUS

#달걀
#꼬꼬댁 닭고기
#세상 쉽고 맛있는 키토 파티
#안식당
#일상의 저탄고지
#아이 러브 키토

자완무시

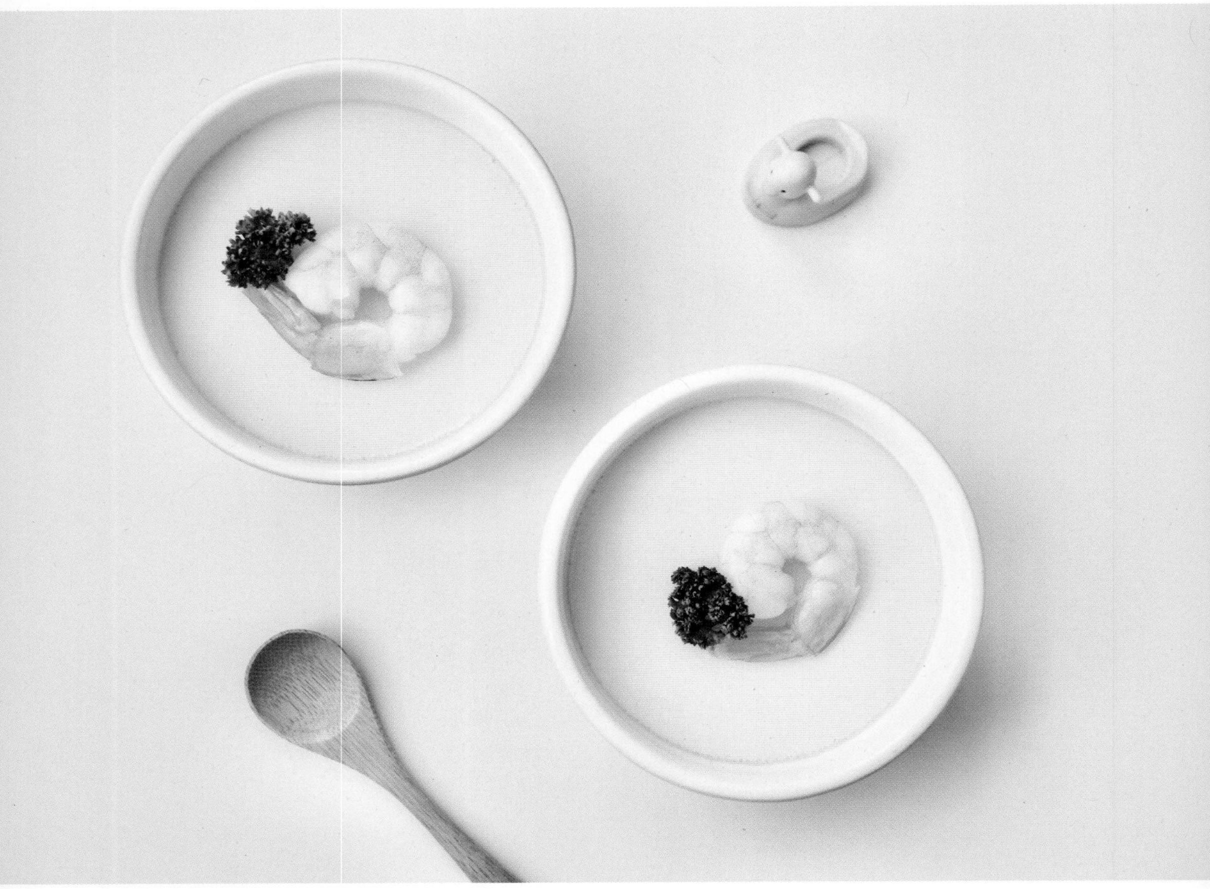

좋아요 59390개

#달걀 #일본식달걀찜 #푸딩달걀찜 #보식메뉴 #보들보들

장시간 단식 후에는 보식이 중요해요. 부드러운 달걀찜으로 위에 부담되지 않도록 서서히 적응시켜 보세요.

ssskim_식구가 많아서 한꺼번에 큰 그릇으로 만들고 싶은데 시간은 어떻게 조절해야 하나요?

by._.ahn_@ssskim 큰 그릇에 만들게 되면 시간이 길어지면서 바깥 면은 녹변현상이 일어나고 퍽퍽한 질감의 찜 형태가 될 수 있어요. 그리고 중앙 부분은 익지 않으니 번거롭더라도 작은 그릇에 나누어 만들기를 권해요.

재료_2인분

달걀 4개, 조각 다시마 4장, 새우 2마리, 파슬리, 육수 2T(선택), 대장부소주 1T, 소금, 물 250ml

만들기

1 다시마와 물 250ml를 냄비에 넣고 물이 끓기 시작하면 1분간 더 끓이고 식혀준다.
2 달걀, 대장부소주, 소금을 넣고 기포가 생기지 않게 잘 풀어준다.
3 식혀 둔 다시마물 200ml와 육수를 2에 섞어준다.
4 3을 체에 걸러 알끈을 제거한다.
5 밥공기 크기의 도기에 나누어 담고 랩을 씌운다.
6 찜기에 5의 그릇을 넣고 새우는 사이드에 담아 같이 찐다.
7 센 불로 시작해 물이 끓으면 약불로 줄이고 10분 정도 찐다.
8 한김 날린 후 새우와 파슬리를 올려 완성한다.

tip_

* 그릇이 너무 크면 사이드는 오버 쿡이 되고 안쪽은 익지 않을 수 있으니 주의하세요.
* 달걀물을 붓고 기포가 생기면 숟가락으로 반드시 제거해 주세요.

¤ 녹변현상

흰자 위에 들어 있는 황성분이 분해되어 황화수소가 발생하고 이것이 노른자 속에 있는 철 성분과 반응하여 황화철(FeS)을 형성하여 달걀의 흰자와 노른자 사이에 검푸른(녹변)색이 발생한다.

1인분	칼로리	지방	단백질	총탄수화물	식이섬유	순탄수화물
	160	10.03	15.14	1.27	0.05	1.22

명란달걀말이

좋아요 43321개

#달걀말이 #명란 #도시락반찬 #달걀은항상옳아 #예쁜달걀말이

명란젓 한 줄이면 달걀에 쏙 넣어 예쁜 말이를 만들 수 있어요. 고기가 당기지 않은 날에 만들어 먹기 좋은 요리예요. 달걀은 항상 옳으니까요.

ssskim_명란젓의 염도는 다 다르지 않나요?

by._.ahn_@ssskim 저염 명란젓도 있지만 짠 명란젓도 있고, 색소가 들어간 명란젓도 있으니 첨가물이 들어 있는지 확인하고 구입해요.

재료_2인분

달걀 5개, 대장부소주 2T, 명란젓 1개, 쪽파 1T, 올리브오일 15ml

만들기

1 명란젓은 대장부소주 1T에 담갔다가 물기를 제거한다.

2 달걀을 모두 풀고 대장부소주 1T를 넣고 체에 걸러준다.

3 쪽파를 송송 썰어 넣어 섞는다.

4 팬에 올리브오일을 두르고 달걀물을 조금 부어준 후 반 정도 익으면 명란을 올린다.

5 달걀색이 짙어지지 않도록 불 위로 팬을 들어 달걀을 말아준다.

6 달걀물을 부어가며 계속 반복한다.

tip_

* 명란젓으로 충분히 간이 되므로 달걀에는 소금을 넣지 않아요.
* 달걀물에 감미료를 약간 추가하면 일본식 달걀말이를 즐길 수 있어요.

1인분	칼로리	지방	단백질	총탄수화물	식이섬유	순탄수화물
	256.5	19.85	17.06	1.32	0.15	1.17

베이컨에그머핀

좋아요 51328개

#초간단메뉴 #토핑없이후추만뿌려도됨 #종이컵가능 #에어프라이어가능

초간단 요리로 베이컨과 달걀만 있어도 고민 없이 순식간에 만들 수 있어요. 비주얼도 예쁘고 맛도 보장해주는 만족도 높은 음식이에요. 두 개만 먹어도 든든하고 도시락으로도 좋아요.

ssskim_머핀틀이 없어요 ㅜㅜ
by._.ahn_@ssskim 네, 머핀틀이 없다면 종이컵에 해도 돼요.

재료_1인분

베이컨 2장, 달걀 2개, 소금, 후추, 방울토마토 1개

만들기

1 머핀틀에 베이컨을 세워 사이드에 둘러준다.

2 1에 달걀을 하나씩 넣어준다.

3 소금과 후추를 뿌려준다.

4 예열된 오븐 180도에 10분 굽는다.

5 반으로 자른 토마토를 올리고 5분 더 구워준다.

tip_

* 길이가 짧은 베이컨은 머핀 틀에 둘러지지 않으니 두 장을 이어서 사용하세요.
* 베이컨이 짜기 때문에 기호에 따라 소금은 생략해도 돼요.
* 에어프라이어를 이용할 경우 5분 구운 후 달걀을 찔러주고 다시 5분 구우면 잘 익는답니다.

1인분	칼로리	지방	단백질	총탄수화물	식이섬유	순탄수화물
	430	30.97	32.82	2.88	0.4	2.48

시금치수플레오믈렛

좋아요 62370개

#느타리버섯 #시금치 #폭신한계란이불 #샐러드용슈레드치즈 #상하100%생크림으로만든신선한버터

느타리버섯과 시금치가 폭신폭신한 계란 이불을 덮고 있어요. 이 오믈렛은 구름빵을 먹는 듯한 느낌이에요. 버섯과 시금치로 영양과 포만감을 더했어요.

ssskim_수플레가 뭐예요?
by._.ahn_@ssskim 거품을 낸 달걀 흰자에 치즈나 감자 등을 섞어 틀에 넣고 오븐에서 크게 부풀린 과자나 요리를 말해요.

재료_1인분

달걀 2개, 소금, 시금치 한 줌, 느타리버섯 한 줌, 슈레드 믹스치즈 30g, 버터 20g

만들기

1 시금치와 버섯은 버터에 볶아 소금으로 간한다.
2 달걀은 흰자와 노른자를 분리하고 흰자로 머랭을 만든다.
3 머랭이 풍성하게 올라오면 노른자를 하나씩 넣어 섞는다.
4 버터를 두른 팬에 3의 달걀을 넣고 소금을 뿌린 후 뚜껑을 덮어 약불로 익힌다.
5 70% 정도 익으면 달걀 사이에 시금치, 버섯, 치즈를 넣고 반으로 접어준다.
6 다시 뚜껑을 덮어 충분히 익혀준다.

tip_

샐러드용 슈레드치즈는 약간 짜기 때문에 소금 간은 기호에 따라 넣어주세요.

¤ 수플레

거품을 낸 달걀 흰자에 치즈나 감자 따위를 섞어 틀에 넣고 오븐으로 구워 크게 부풀린 과자나 요리로 수플레는 '부풀다'라는 뜻의 프랑스어이다.

¤ 머랭

달걀 흰자에 설탕을 조금씩 넣어가며 세게 저어 거품을 낸 것이다.

1인분	칼로리	지방	단백질	총탄수화물	식이섬유	순탄수화물
	425	35.59	21.2	5.11	1.4	3.71

단호박에그슬럿

좋아요 62976개

#단호박 #달달해서단호박인가 #단단해서단호박인가 #자를때조심 #쭉쭉늘어나는치즈 #매일유업

단호박 반 개에 달걀만 넣어도 훌륭한 식사가 돼요. 커피 한 잔과 브런치로 먹기에 아주 좋아요.

ssskim_오븐이 없는데 전자레인지로 만들어도 되나요?

by._.ahn_@ssskim 전자레인지에 단호박을 익히려면 달걀을 넣은 후 노른자를 터트려 주세요. 폭발 위험이 있어요. 뚜껑이나 랩을 반드시 덮어주세요. 전자레인지에 2분 → 단호박 자르기 → 씨 제거 → 달걀, 소금 → 3분 → 모차렐라치즈 → 3~4분

재료_2인분

단호박 300g, 달걀 2개, 모차렐라치즈 50g, 소금, 후추, 파슬리

만들기

1 단호박을 깨끗하게 씻은 후 전자레인지에 2분 돌려준다.
2 원하는 크기로 자른 후 씨를 제거한다.
3 예열된 오븐 180도에 10분 익혀준다.
4 달걀을 넣고 소금과 후추를 뿌려준다.
5 그 위에 모차렐라치즈를 덮고 160도에서 10~20분 익혀준다.
6 파슬리를 뿌려 완성한다.

tip_

* 단호박의 수분이 빠져나가지 않은 상태에서 조리하면 나중에 달걀과 분리되어 먹기 불편해요.
* 전자레인지나 에어프라이어에도 가능해요.
* 밑면이 둥근 단호박은 머핀틀을 뒤집어서 고정해요.
* 달걀이 익었는지 이쑤시개로 찔러 확인하세요.

1인분	칼로리	지방	단백질	총탄수화물	식이섬유	순탄수화물
	198.5	10.82	14.06	12.48	2.1	10.38

에그코코트

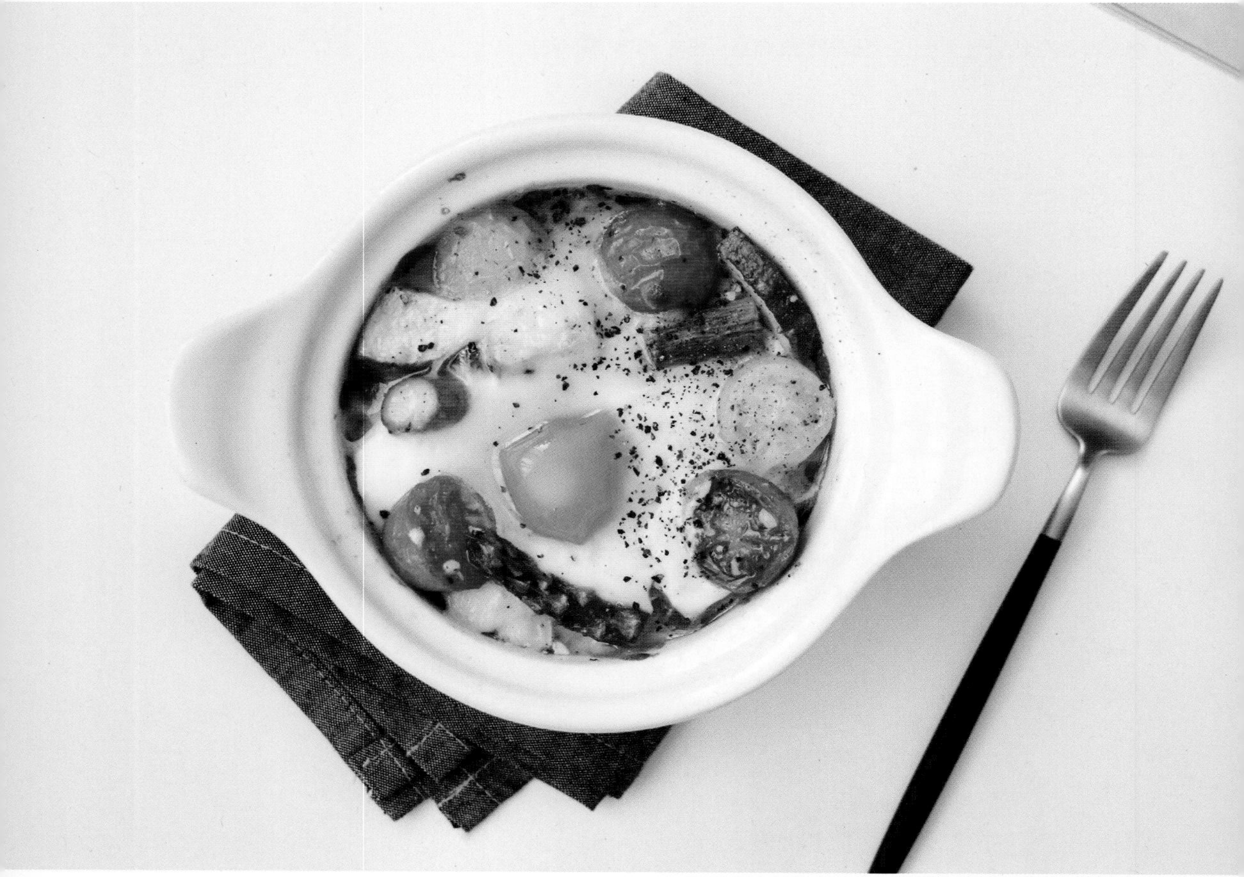

좋아요 43332개

#달걀 #자투리채소 #냉장고털기 #냉장고파먹기

에그 코코트는 프랑스식 계란 찜이에요. 냉장고 속에서 잠자고 있는 자투리 채소를 사용하면 되고 아침 식사나 간편식으로 좋아요.

ssskim_냉파 중인데 이거 너무 간편해 보여요.
by._.ahn_@ssskim 자투리 채소를 취향에 맞게 넣으면 되니 냉장고 파먹기 너무 좋은 메뉴예요.

재료_1인분

아스파라거스 1개, 주키니 1/5개, 방울토마토 5개, 모차렐라치즈 40g, 달걀 1개, 소금, 후추
올리브오일 10ml

만들기

1 아스파라거스, 주키니, 방울토마토는 한입 크기로 자른다.
2 1에 소금, 후추, 올리브오일, 모차렐라치즈를 섞어준다.
3 오븐 용기에 담고 180도에 15~20분 굽는다.
4 올리브오일과 후추를 뿌려 완성한다.

tip_

자투리 채소를 사용하면 좋아요.

¤ 코코트

주물냄비, 코코트 냄비. 코코트는 원형 또는 타원형의 조리도구로, 바닥과 벽면이 두껍고 보통 2개의 손잡이와 딱 맞는 뚜껑이 있는 냄비의 일종으로, 적은 수분으로 재료를 천천히 익히기(스튜, 찜)에 적합하다.

1인분	칼로리	지방	단백질	총탄수화물	식이섬유	순탄수화물
	304	23.68	15.77	7.47	2	5.47

에그인헬

좋아요 61447개

#달걀요리 #삭슈카 #지옥에빠진계란 #맵지않아요

삭슈카는 아랍 요리인데 올리브TV를 통해 알게 됐어요. 만들기도 쉽고 맛있어서 자주 만들어 먹어요. 집에 손님이 오면 호불호 없이 다 좋아해서 빠지지 않고 내놓는 메뉴 중에 하나예요.

ssskim_철저하게 식단을 지키고 있어서 가공육을 먹지 않아요. 대체할 수 있는 걸로 알려주세요.

by._.ahn_@ssskim 다짐육을 사용하면 되는데 돼지고기보다는 소고기가 더 잘 어울려요. 처음 고기를 볶는 과정에서 소금과 후추를 넣어주세요.

재료_2인분

양파 1/2개, 주키니 4조각, 베이컨 3장, 소시지 1개, 버섯 0.5T, 파프리카 0.5T, 토마토퓌레 200g
버터커리 1t, 소금, 후추, 에리스리톨 1t, 모차렐라치즈 50g, 달걀 3개, 올리브오일

만들기

1 양파, 주키니, 베이컨, 소시지, 버섯, 파프리카는 모두 잘게 썰거나 다진다.
2 오일을 약간 두르고 베이컨과 소시지를 볶는다.
3 베이컨 기름이 나오면 양파를 넣어 반투명해질 때까지 볶고 나머지 채소를 모두 넣어 볶는다.
4 버터커리를 넣어 풀어준 후 토마토퓌레, 소금, 후추, 에리스리톨을 넣어 가볍게 끓인다.
5 모차렐라치즈를 골고루 뿌리고 달걀을 한 알씩 올려준다.
6 뚜껑을 덮어 흰자가 익으면 완성이다.

tip_

* 버섯은 기호에 따라 고르면 돼요.
* 일반 베이컨과 소시지는 잘게 썰어 끓는 물에 데쳐주면 식품첨가물을 일부 제거할 수 있어요.
* 토마토소스, 토마토퓌레, 토마토펄프를 모두 이용할 수 있어요.

¤ 삭슈카

아랍 국가들과 북아프리카 마그레브 지역의 전통요리. 피망, 토마토, 양파를 기름에 볶고 아리사, 토마토소스로 양념한 스튜의 일종으로 경우에 따라 달걀을 깨 넣기도 한다.

에그인헬처럼 에그인헤븐도 만들 수 있어요.

1인분	칼로리	지방	단백질	총탄수화물	식이섬유	순탄수화물
	447.5	32.4	24.97	12.79	2.35	10.44

오야코동

좋아요 53276개

#닭고기 #닭다리살 #쌀쌀한날먹기좋은메뉴

닭다리살로 만든 오야코동은 으슬으슬 춥거나 쌀쌀하게 비 내리는 날이면 유독 생각나는 음식이에요. 탄수인 시절에도 즐겨 먹었는데 밥이 없어도 훌륭해요.

ssskim_이런 덮밥 종류 너무 좋아요. 따끈따끈한 국물에 부드러운 달걀, 촉촉한 닭고기 꼭 만들어 먹어야겠어요.
by._.ahn_@ssskim 따뜻한 음식이 생각나는 날 만들어 먹기 좋아요.

재료_2인분

닭다리살 300g, 양파 1/2개, 표고버섯 1개, 육수 100ml+물 200ml, 간장 1T
에리스리톨 0.5T, 달걀 4개, 대파 한 줌, 소금, 후추, 대장부소주 1T

만들기

1 닭다리살은 한입 크기로 썰어 소금, 후추, 대장부소주를 넣고 밑간을 한다.
2 양파는 채 썰고 버섯은 슬라이스, 대파는 송송 썰어 준비한다.
3 달걀은 가볍게 풀어둔다.
4 밑간을 한 닭다리살의 껍질 부분을 바닥에 놓고 팬에 굽는다.
5 닭고기가 익으면 양파와 버섯을 골고루 올려준다.
6 육수, 물, 간장, 에리스리톨을 넣고 끓인다.
7 끓어오르면 대파를 올리고 달걀물을 부은 후 바로 불을 꺼준다.

tip_

* 곤약면이나 천사채면를 추가해서 먹으면 더욱 더 든든해요.
* 육수는 34쪽을 참고하세요.

1인분	칼로리	지방	단백질	총탄수화물	식이섬유	순탄수화물
	402	23.19	41.77	5.09	1	4.09

치즈닭갈비

좋아요 75739개

#닭다리살 #우리집이춘천 #닭과치즈는사랑 #들기름대신참기름도괜찮아 #JMT

닭과 치즈의 조합은 언제나 진리예요. 가장 많이 따라하는 레시피 중 하나인 만큼 인기가 많아요.

ssskim_치즈는 어디꺼 쓰시나요?
by._.ahn_@ssskim 매일유업 상하치즈 슈레드 모짜렐라를 사용했어요.

재료_2인분

닭다리살 300g, 모차렐라치즈 120g, 양배추 1/10개, 고추 2개, 양파 1/2개, 깻잎, 올리브오일

양념: 간장 2T, 대장부소주 2T, 에리스리톨 1.5T, 고춧가루 2.5T, 다진 마늘 0.5T, 들기름1T, 후추 약간

만들기

1 양념 재료를 모두 섞어 준비한다.

2 닭다리살에 양념을 넣어준 뒤 1~2시간 냉장 숙성한다.

3 양배추는 사방 4cm 크기로 썰고 양파는 채 썰어준다.

4 고추는 어슷 썰어 준비한다.

5 프라이팬에 오일을 충분히 두른 후 양념된 닭을 넣어 중약불로 구워 익혀준다.

6 어느 정도 익으면 준비해둔 채소 들을 넣어 볶아주고 모차렐라치즈를 녹여 함께 먹는다.

tip_

* 5번 과정에서 불이 세면 양념이 탈 수 있어요.
* 치즈는 가급적 자연치즈를 사용하고 유제품 알러지가 있다면 제외해도 괜찮아요.
* 고기가 신선하면 굳이 대장부소주를 넣지 않아도 돼요.
* 깻잎을 채 썰어 같이 먹으면 향긋한 풍미를 느낄 수 있어요.

1인분	칼로리	지방	단백질	총탄수화물	식이섬유	순탄수화물
	610.5	42.22	43.84	16.54	6	10.54

찜닭

좋아요 53138개

#안동찜닭 #봉추찜닭 #간장양념 #치즈올려도맛있음 #한식

한동안 찜닭이 유행했을 때 자주 먹었어요. 매운맛과 간장의 조합을 좋아하거든요. 지금은 흰 쌀밥이랑 먹을 수는 없지만 천사채 당면을 곁들이면 더욱 더 만족스럽게 먹을 수 있어요.

ssskim_찜닭도 전기밥솥으로 해도 되나요?
by._.ahn_@ssskim 네 가능해요. 닭은 육질이 연해서 찜 기능보다는 잡곡이나 현미 기능으로 조리해 주세요.

재료_3인분

닭 750g 1마리, 양파 1/2개, 청양고추 3개, 당근 1/2개, 무 1/5개, 페퍼론치노홀(건고추) 5~6개(선택)
대파 1/2대, 천사채 당면 200g

양념: 간장 50ml, 대장부소주 40ml, 에리스리톨 40g, 물 100ml, 다진마늘 1t, 생강즙 20ml
참기름(들기름) 1T, 액젓 20ml

만들기

1 닭은 흐르는 물에 씻고 내장 부위를 깨끗하게 제거한다.
2 양념 재료를 모두 섞어 준비한다.
3 당근, 무는 밤톨 크기로 썰어 모서리를 깎아준다.
4 대파는 4cm 길이로 썰고 양파와 고추는 적당한 크기로 잘라준다.
5 냄비에 무와 당근을 깔고 닭을 넣은 후 양념을 넣고 센 불에 끓여준다.
6 보글보글 끓으면 중불로 줄이고 양파, 고추, 대파, 페퍼론치노홀을 넣는다.
7 자작하게 졸이듯 끓이고 바닥에 눌러 붙지 않도록 저어가며 익은 정도를 확인한다.
8 천사채 당면은 먹기 직전에 넣는다.

tip_

* 닭은 내장을 제거하지 않으면 잡내의 원인이 될 수 있으니 깨끗하게 씻어주세요.
* 페퍼론치노홀 대신 건고추를 사용해도 되고 매운 음식을 먹지 못하면 생략하세요.
* 천사채 당면은 77쪽을 참고하세요.

1인분	칼로리	지방	단백질	총탄수화물	식이섬유	순탄수화물
	382	20.83	40.54	7.6	1.93	5.67

간장치킨

좋아요 54248개

#치느님 #치킨은안질림 #맥주대신탄산수

치킨은 부담없이 즐길 수 있어서 자주 만들어 먹어요. 유일하게 질리지 않는 고기이기도 하고요. 분태 아몬드나 호두를 바삭하게 구워 뿌려 먹어도 잘 어울려요.

ssskim_오븐이 없는데 에어프라이어로 해도 될까요?
by._.ahn_@ssskim 네. 에어프라이어로 해도 좋아요. 10도 정도 낮춰서 사용하세요.

재료_2인분

닭다리 500g, 소금, 후추, 대장부소주 2T

양념: 다진마늘 1t, 간장 3T, 레몬 1/2개, 대장부소주 2T, 후추 약간, 양파가루 0.5T, 에리스리톨 2T

만들기

1 깨끗이 씻어 둔 닭에 소주, 소금, 후추로 밑간을 하여 1시간 정도 냉장 보관한다.

2 양념은 레몬즙을 짠 후 모든 재료를 섞어 만들어 둔다.

3 1을 예열된 오븐 210도에 20분, 뒤집어서 15분 굽는다.

4 잘 구워진 닭을 팬에 옮겨 담아 양념장을 부어 약불로 졸여준다.

tip_

* 양념장을 만들 때 레몬에 칼집을 넣으면 힘들지 않게 레몬즙을 짤 수 있어요.
* 3번 과정에서 에어프라이어를 사용할 경우 200도 정도에서 해주세요.
* 상큼한 토마토살사와 함께 먹으면 잘 어울려요.
* 토마토살사는 254쪽을 참고하세요.

1인분	칼로리	지방	단백질	총탄수화물	식이섬유	순탄수화물
	313	16.73	37	2.41	0.1	2.31

양념치킨

좋아요 68237개

#치킨윙 #지방비율 가장좋음 #손으로 뜯어야 제맛

음식은 맛보다 추억이라는 말이 있듯이 어릴 적 먹던 양념치킨이 생각났어요. 키토식이라 끈적하고 들큰한 양념은 아니지만 추억을 달랠 수 있어요.

ssskim_셀러리를 꼭 넣어야 돼요? 제가 셀러리를 못 먹어요.

by._.ahn_@ssskim 양파만 넣어서 만들어도 돼요. 레시피 정량을 지키는게 가장 좋지만 체질이나 식성에 따라 변경해도 무방해요.

재료_2인분

치킨윙 500g, 소금, 후추, 대장부소주

양념: 다진 마늘 1t, 양파1/3개, 셀러리 40g, 노슈가케첩 2T, 토마토퓌레 0.5T, 핫소스 2t
간장 1T, 레몬즙 1T, 에리스리톨 1.5~2T, 월계수잎 1장, 물 100~150ml

만들기

1 윙은 대장부소주와 소금, 후추로 밑간을 한다.
2 예열된 오븐 180도에 20~30분 충분히 구워준다.
3 양파와 셀러리를 곱게 다져준다.
4 마른 프라이팬에 3과 다진 마늘을 넣어 수분을 날리듯 타지 않게 볶아준다.
5 월계수잎과 물을 제외한 모든 재료를 넣고 잘 어우러지도록 볶는다.
6 5에 구운 윙, 물, 월계수잎을 넣어 적당히 졸여준다.

tip_

* 윙은 에어프라이어를 사용해도 되고 직접 기름에 튀겨도 좋아요. 가장 바삭하게 구울 수 있는 방법을 선택하세요.
* 4번 과정에서 절대 태우지 않도록 신경 써 주세요.
* 5번 과정에서 양념을 넣을 때 탈 수 있으니 불을 끄고 넣으세요.

1인분	칼로리	지방	단백질	총탄수화물	식이섬유	순탄수화물
	504	33.22	41.02	7.69	1.25	6.44

대파닭꼬치

좋아요 51328개

#닭꼬치 #닭다리살 #대파러버

닭고기와 대파의 조합은 두말하면 잔소리. 양념장을 발라가며 구운 꼬치는 진리예요. 닭고기와 대파 한 점씩 같이 먹으면 대파 채즙이 가득해 입안에서 폭죽이 터져요.

ssskim_매운 닭꼬치 양념도 알려주세요.

by._.ahn_@ssskim 키토고추장 1T, 케첩 2T, 간장1T, 알룰로스 1T, 들기름 0.5T 매운 양념은 닭이 70% 정도 익은 후에 반복해서 발라주세요.

재료_1인분

닭다리 정육 150g, 대파 1대

양념: 간장 1T, 물 2T, 알룰로스 1T, 발사믹비네거 0.5T

만들기

1 닭다리와 대파 사이즈를 맞춰 자르고 가지런하게 꼬치에 꽂아준다.

2 양념은 모든 재료를 섞어 만들어 둔다.

3 예열된 오븐 180도에 10분 굽고 양념을 앞뒤로 발라준다.

4 5분 후 다시 한 번 발라준다.

5 굽기의 정도에 따라 오븐 온도를 낮추고 양념 바르기를 여러 번 반복한다.

tip_

즉석에서 조리해 주세요. 닭고기를 포함한 모든 육류는 미리 구워 보관하면 누린내가 발생합니다.

1인분	칼로리	지방	단백질	총탄수화물	식이섬유	순탄수화물
	381	18.1	43.45	16.81	10.6	6.21

코코넛윙

좋아요 52346개

#치킨윙 #고소한훈연의맛 #기본에충실한요리

기본 시즈닝에 파프리카파우더만 추가해도 풍부한 훈연의 맛을 즐길 수 있어요. 코코넛오일에 튀기면 은은한 코코넛향이 스며들어 색다른 맛이 된답니다.

ssskim_코코넛오일 향이 강하던데 괜찮을까요? 에어프라이어도 가능하겠죠?

by._.ahn_@ssskim 무향 코코넛오일도 있으니 잘 살펴보고 선택하세요. 그리고 굳이 맞지 않는 재료를 권하지는 않아요. 아보카도오일이나 라드를 사용해도 돼요. 에어프라이어도 물론 가능하고요.

재료_2인분

닭윙 500g, 소금, 후추, 파프리카파우더, 코코넛오일, 루꼴라(베이비채소), 렌치드레싱(or 사워크림)

만들기

1 윙을 깨끗하게 씻고 물기를 제거한다.
2 소금, 후추, 파프리카파우더로 시즈닝(양념)한다.
3 파프리카파우더는 듬뿍 넣고 1시간 이상 냉장 보관한다.
4 팬에 코코넛오일을 충분히 두르고 윙을 노릇하게 튀겨준다.
5 루꼴라와 베이비 채소 위에 4를 올린다.
6 렌치드레싱이나 사워크림을 듬뿍 찍어 먹는다.

tip_

* 부족한 지방은 마요네즈나 사워크림으로 보충해요.
* 렌치드레싱은 38쪽을 참고하세요.

1인분	칼로리	지방	단백질	총탄수화물	식이섬유	순탄수화물
	569	40.89	46.7	0.36	0.2	0.16

엔칠라다

좋아요 59278개

#닭가슴살요리 #닭가슴살활용 #매콤 #멕시코음식

엔칠라다는 토르티야 사이에 고기·해산물·치즈 등을 넣어서 매운 고추 소스를 뿌려 먹는 멕시코 요리예요. 토르티야 대신 모르타델라햄을 사용하면 내용물을 감쌀 수 있어요. 이국적이고 매콤한 요리가 생각날 때 만들어 먹어요.

재료_1인분

닭가슴살 100g, 모르타델라햄 4장, 버터 20g, 슈레드믹스치즈 70g, 파슬리, 양상추 한 줌, 사워크림 1T
소스: 양파 1/4개, 피망 1/2개, 토마토퓌레 120g, 카옌페퍼 0.5t, 타코시즈닝, 소금, 후추

만들기

1 닭가슴살은 삶은 후 결대로 찢는다.
2 양파와 피망은 잘게 썰어 버터에 볶는다.
3 토마토퓌레, 카옌페퍼, 타코시즈닝, 소금, 후추를 2와 섞어 소스를 만든다.
4 소스의 일부를 덜어 1의 닭가슴살에 섞어준다.
5 모르타델라햄 두 장을 겹쳐 버무린 닭가슴살, 양상추, 슈레드치즈를 넣어 돌돌 말아준다.
6 오븐용 용기에 소스를 깔고 롤을 올려 예열된 오븐 180도에 15분 굽는다.
7 슈레드치즈, 사워크림, 파슬리를 토핑한다.

tip_

토르티야 대신 모르타델라햄을 사용했어요.

모르타델라햄

¤ 엔칠라다

토르티야에 고기, 치즈, 채소를 넣고 돌돌 말아서 매운 소스를 발라 구운 후 치즈 등을 뿌려 먹는 멕시코 음식이다.

1인분	칼로리	지방	단백질	총탄수화물	식이섬유	순탄수화물
	856	63.94	53.13	14.75	4.3	10.45

닭가슴살냉채

좋아요 48576개

#여름요리 #닭가슴살 #썰기만하면됨 #부족한지방은방탄커피로채워

키토식 5년 차를 바라보고 있는 지금도 더운 여름에는 식단을 유지하기 어려워요. 그래서 양질의 지방식보다는 시원하게 먹을 수 있는 메뉴를 찾게 돼요. 냉동실에 숨어있는 닭가슴살을 깨워 보세요. 칼질만 할 수 있다면 가능한 요리예요.

재료_1인분

닭가슴살 120g, 오이 1/3개, 양파 1/4개, 노란파프리카 1/3개, 빨간파프리카 1/3개, 피망 1/3개
대장부소주 1T
소스: 연겨자 0.5~1T, 애플사이다비네거 3T, 간장 1.5T, 알룰로스 2T, 다진마늘 0.5t, 통깨

만들기

1 대장부소주를 넣은 물에 닭가슴살을 삶아준다.
2 식힌 후 결대로 찢어준다.
3 모든 채소는 씨를 제거하고 일정한 길이로 채 썬다.
4 소스는 모두 섞어 준비하고 연겨자는 기호에 맞게 조절한다.
5 먹기 직전에 소스를 뿌리고 조금씩 추가하며 간을 맞춰 먹는다.

tip_

* 톡 쏘는 맛이 좋다면 연겨자를 조금 더 추가해요.
* 기호에 따라 깻잎이나 김에 재료를 싸서 소스를 찍어 먹어도 좋아요.

1인분	칼로리	지방	단백질	총탄수화물	식이섬유	순탄수화물
	186	1.98	30.36	23.97	15.2	8.77

단호박치즈오리찜

좋아요 43829개

#오리고기 #필수아미노산풍부 #단호박 #무기질 #비타민 #단호박연꽃위장

단호박은 2인분으로 먹기엔 많은 양이니 탄수 섭취에 주의하세요.

ssskim_단호박이 너무 맛있어서 다 먹고 싶은데 너무 많겠죠?

by._.ahn_@ssskim 100g당 순탄수가 6g 정도예요. 씨를 제외한 단호박 무게는 대략 800g입니다. 개인 하루 섭취 가능한 탄수화물 내에서 드시길 권장해요.

재료_2인분

오리 정육 200g, 단호박(지름14cm) 1개, 양파 1/4개, 청양고추 2개, 모차렐라치즈 100g, 깨
올리브오일 10ml

양념: 다진 마늘 1t, 키토고추장 0.5T, 간장 0.5T, 에리스리톨 1T, 후추 약간

만들기

1 단호박은 베이킹소다 또는 칼슘파우더를 사용해서 깨끗하게 세척한다.
2 전자레인지에 3분, 뒤집어서 3분 돌려서 단호박 뚜껑 부분을 자른 후 씨를 파낸다.
3 양파는 채 썰고 고추는 어슷 썬다.
4 양념은 모든 재료를 섞어 만들어 둔다.
5 오리고기는 팬에 굽고 50% 정도 익었을 때 양념을 넣어준다.
6 고기가 80% 정도 익으면 채소를 넣어 볶는다.
7 씨를 제거한 호박 안에 볶은 오리고기를 넣고 모차렐라치즈를 올린다.
8 뚜껑을 덮고 전자레인지에 10분간 돌려 8등분하고 접시에 담아 낸다.

tip_

단호박의 꼭지가 녹색이고 신선하다면 후숙이 필요해요. 호박을 신문지로 감싸 서늘하고 그늘진 곳에 보관하면 후숙되어 당도가 높아집니다.

1인분	칼로리	지방	단백질	총탄수화물	식이섬유	순탄수화물
	287.5	16.89	13.54	30.96	11.15	19.81

STAUB

#생선

#해산물

#바다를통째로먹어

#안식당

#일상의 저탄고지

#아이 러브 키토

연어포케

좋아요 52697개

#연어 #EPA #DHA #불포화지방산 #오메가3 #비타민B12

육고기보다는 생선을 좋아하는데 구이도 좋지만 가볍게 양념해서 한 그릇에 담아 내면 고급스럽고 근사해요. 하와이식 샐러드인 만큼 여름에 아주 잘 어울려요.

ssskim_훈제 연어로 만들어도 될까요?

by._.ahn_@ssskim 훈연이 강하게 된 연어와는 어울리지 않고 약하게 가미되었다면 사용해도 돼요. 이미 염지가 되어있기 때문에 간장의 양은 조절해 주세요.

재료_2인분

연어 400g, 아보카도 1/2개, 방울토마토 2개, 오이 1/4개, 당근 1/5개, 양파 1/8개, 무순 약간
양념: 간장 1T, 물 2T, 에리스리톨 0.5T, 양파 1/8개, 대장부소주 1T, 들기름 1T, 고추냉이 1t

만들기

1. 오이는 둥글고 얇게 썰어 소금에 절인 후 물기를 꼭 짜서 준비한다.
2. 연어는 한입 크기로 깍뚝 썬다.
3. 양파 1/8개를 다진 후 양념을 모두 넣어 만든다.
4. 3을 연어에 가볍게 섞은 후 1~2시간 냉장 숙성한다.
5. 나머지 채소는 먹기 직전에 슬라이스해서 플레이팅한다.

tip_

* 노르웨이 양식 연어에 대한 이슈가 많으니 자연산 홍연어를 선택하는 게 좋아요.
* 1번의 오이절임은 260쪽을 참고하세요.
* 5번 과정에서 양파의 매운 맛이 싫다면 채 썬 후에 물에 담가 매운맛을 제거하고, 당근에 짠맛을 가미하고 싶다면 소금을 뿌려 살짝 절여주세요.

¤ 포케(poke)
하와이식 참치 샐러드로 포키라고 발음한다. 참치를 깍뚝 썰기해 간단하게 간장, 참기름, 마카다미아넛 가루, 통깨, 고춧가루, 김가루를 넣어 양념하기도 한다.

동영상을 보면서 아보카도를 예쁘게 잘라봐요.

1인분	칼로리	지방	단백질	총탄수화물	식이섬유	순탄수화물
	429.5	23.53	45.12	8.19	4.15	4.04

파피요트

좋아요 53288개

#연어 #EPA #DHA #불포화지방산 #오메가3 #비타민B12

밀봉된 종이 포일 안쪽에 생긴 증기로 익히는 요리이기 때문에 연어를 부드럽고 촉촉하게 먹을 수 있어요. 렌치드레싱이나 타르타르소스와 함께 먹으면 잘 어울려요. 가니시는 취향에 맞게 선택하세요.

ssskim_저는 흰살생선을 좋아하는데 해도 괜찮을까요?

by._.ahn_@ssskim 흰살생선을 포함한 모든 해산물을 응용해도 좋아요. 오징어에 칼집 넣어 통째로 조리하면 찜기에 쪄낸 것보다 더 촉촉하게 즐길 수 있어요.

재료_1인분

연어 200g, 아스파라거스 2개, 레몬 1/4개, 방울토마토 2개, 소금, 후추, 올리브오일 20ml
딜(or 타임, 로즈메리), 화이트와인 20ml

만들기

1 연어는 소금, 후추, 올리브오일로 시즈닝한다.
2 종이 포일 위에 올리브오일, 레몬 슬라이스, 연어를 순서대로 올린다.
3 사이드에 아스파라거스와 방울토마토를 넣고 연어 위에 허브와 레몬즙을 뿌린다.
4 화이트와인을 뿌리고 종이 포일 한 장을 올린다.
5 둥글게 자른 후 테두리를 접어 말아 밀봉한다.
6 예열된 오븐 200도에 20~30분 굽는다.

tip_

레몬 1/4로 슬라이스도 하고 레몬즙도 짜면 돼요.

¤ 파피요트

프랑스식 조리법으로 종이 포일에 원하는 재료를 넣고 오븐에 구워 증기로 쪄내는 요리이다. 가자미나 돔, 새우, 조개 등 제철 해산물을 이용해서 만들어도 좋다.

1인분	칼로리	지방	단백질	총탄수화물	식이섬유	순탄수화물
	474	30.58	44.42	2.88	1.2	1.68

주키니봉골레

좋아요 49987개

#봉골레 #주들스 #오도독식감 #바지락 #동죽 #백합 #모든조개가능

주키니를 길게 뽑아 면 대체 재료로 사용하면 색다른 느낌이에요. 끊기지 않고 오독오독한 식감이 재미있어요.

ssskim_화이트와인 대신 소주를 넣어도 될까요?
by._.ahn_@ssskim 넣어도 무방하나 알코올 향이 와인보다 강하기 때문에 적은 양을 넣어주세요.

재료_1인분

주키니 1/3개, 바지락 20개, 새우 3마리, 마늘 2개, 화이트와인 30ml, 올리브오일 20ml, 소금, 후추
페퍼론치노홀 4~5개, 천일염 0.5T

만들기

1 조개는 천일염을 넣어 해감하고 새우는 깨끗이 씻어 정리한다.
2 주키니는 스파이럴라이저를 이용해 길게 국수처럼 뽑아 소금을 뿌려둔다.
3 마늘은 편 썰어 팬에 오일을 두르고 볶다가 바지락과 새우를 넣어 볶는다.
4 새우가 반 정도 익으면 화이트와인을 넣고 알코올을 날려준다.
5 페퍼론치노홀과 소금, 후추를 넣고 조개 입이 모두 벌어질 때까지 끓여준다.
6 충분히 절인 주키니는 체에 밭쳐 물기를 제거하고 5에 넣어 가볍게 볶아준다.

tip_

* 페퍼론치노홀 대신 청양고추를 다져서 넣어도 괜찮아요.
* 스파이럴라이저가 없다면 감자채칼을 이용해도 돼요.

1인분	칼로리	지방	단백질	총탄수화물	식이섬유	순탄수화물
	274	19.37	14.49	11.29	2.6	8.69

감바스알아히요

좋아요 67624개

#새우 #마늘 #올리브오일 #스페인새우요리

아무리 키토식이라지만 이렇게 많은 오일을 어떻게 먹는다는 거야? 했어요. 하지만 어느 순간 팬의 바닥이 뚫릴 것처럼 싹싹 긁어 먹고 있더라고요.

ssskim_올리브오일은 어느 제품을 사용하세요?

by._.ahn_@ssskim 볶음용(데일리용)은 올리타리아, 데체코를 사용하고 샐러드나 공복음용은 온돌리바 오가닉, 발더라마 오칼, 아르베퀴나 카사스를 사용해요.

재료_1인분

새우 8마리, 마늘 4~5개, 페퍼론치노홀 3~5개, 올리브오일 120ml, 아스파라거스 2줄기
방울토마토 4개, 소금, 후추, 파슬리(선택)

만들기

1 새우는 깨끗하게 손질하고 꼬리 부분의 뾰족한 부분(물총)을 제거한다.
2 마늘은 0.2cm 두께로 편 썰어준다.
3 방울토마토는 2등분, 아스파라거스는 3cm길이로 잘라준다.
4 중불에 올린 팬에 오일, 마늘, 페퍼론치노홀을 넣고 끓기 시작하면 약불로 줄인다.
5 물기를 제거한 새우는 한 마리씩 조심스럽게 넣어준다.
6 방울토마토와 아스파라거스를 넣는다.
7 새우가 앞뒤로 다 익으면 소금과 후추로 간한다.
8 파슬리를 다져 토핑한다.

tip_

* 생새우를 사용하면 감칠맛이 배가 돼요.
* 새우의 물기를 제거해야 기름이 튀지 않아요.

¤ 감바스알아히요

스페인어로 감바스(Gambas)는 새우, 아히요(Ajillo)는 마늘을 뜻한다.

1인분	칼로리	지방	단백질	총탄수화물	식이섬유	순탄수화물
	1143	112.45	22.24	11.19	1.9	9.29

오이스터알아히요

좋아요 52897개

#굴 #타우린 #간해독 #중금속배출 #바다에서나는우유

감바스알이히요를 처음 먹은 날의 감동을 잊지 못해요. 그런데 굴은 그 이상이라고 자신있게 말할 수 있어요. 굴을 좋아한다면 꼭 만들어 보기를 권해요. 달래를 잘라 넣으면 굴철인 겨울과 이른 봄을 제대로 즐길 수 있을 거예요.

ssskim_달래를 이렇게도 활용하는군요.
by._.ahn_@ssskim 꼭 드셔보세요. 정말 맛있어요.

재료_1인분

굴 150g, 마늘 4~5개, 페페론치노홀 6~7개, 올리브오일 120ml, 소금, 후추, 달래(선택)

만들기

1 굴은 다치지 않도록 물에 살살 씻어 체에 충분히 밭쳐둔다.
2 마늘은 0.2cm 두께로 편 썰어준다.
3 중불에 올린 팬에 오일, 마늘, 페페론치노홀을 넣고 끓기 시작하면 약불로 줄인다.
4 굴은 한 개씩 조심스럽게 넣어준다.
5 굴 겉면이 전체적으로 익었으면 소금과 후추로 간을 한다.
6 달래는 잘게 썰어 토핑한다.

tip_

* 굴에 수분이 많으면 기름에 넣을 때 위험할 수 있으니 주의하세요!
* 달래는 선택사항이지만 꼭 넣어 먹기를 추천해요.
* 달래를 잘 보관하면 조금 더 오래 먹을 수 있어요.

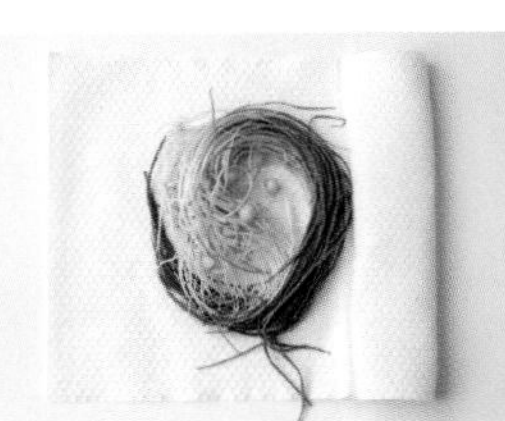

1인분	칼로리	지방	단백질	총탄수화물	식이섬유	순탄수화물
	1130	115.47	11.98	10.64	0.7	9.94

어묵

좋아요 56382개

#생선살 #대구살 #오뎅 #키토어묵 #핫바 #아몬드브리즈 #프리미엄아몬드를그대로

어묵에는 꼭 전분이 들어가야 한다고 생각해서 시도조차 하지 않았는데 전분이 없어도 생선살이 제법 차지고 쫀쫀해요. 넓적한 어묵은 성형하기 힘들지만 동글게 빚어 튀겨내면 훌륭한 키토식이 돼요.

ssskim_저는 모양 유지가 안 되고 풀어졌어요.

by._.ahn_@ssskim 해산물을 충분히 갈아주지 않으면 점성이 부족할 수 있어요. 반죽을 집었을 때 질퍽한 느낌이 되어야 해요.

재료_3인분

대구살 400g, 새우 100g, 오징어(소) 1/2마리, 달걀흰자 1개, 양파 1/6개
대파 한 뼘, 당근 1/5개, 소금, 후추, 오일(올리브, 아보카도, 코코넛, 라드 중 선택)

만들기

1 오징어는 껍질을 벗기고 대구살, 새우를 포함해서 깍두기 크기로 자른 후 물기를 꼭 짜준다.
2 믹서기나 차퍼로 점성이 생길 때까지 갈아준다.
3 채소는 모두 잘게 다지고 2의 해산물에 넣어준다.
4 소금과 후추로 간을 한 후 잘 섞어준다.
5 원하는 크기로 성형한 후 튀겨준다.
6 반죽을 넣었을 때 반죽이 가라앉다가 서서히 떠오르면 적당한 온도다.

tip_

머스터드소스를 뿌려 핫바처럼 간편하게 먹을 수 있어요.

1인분	칼로리	지방	단백질	총탄수화물	식이섬유	순탄수화물
	325	16.64	40.51	3	0.73	2.27

어묵탕

좋아요 55327개

#어묵 #어묵탕 #소주생각나 #국물이끝내줘요

어묵에 전분을 넣지 않았기 때문에 탕에 들어갔을 때 풀어지지 않을까 염려했어요. 그러나 일반 어묵보다 훨씬 더 깔끔하게 완성되어서 기분도 좋고 정말 맛있어요.

재료_1인분

어묵 6개, 육수 150ml, 물 150ml, 표고버섯 1개, 쑥갓, 청양고추 3개, 간장 1T, 액젓 1T, 소금, 후추

만들기

1 냄비에 육수와 물을 넣고 청양고추는 2등분하여 함께 끓인다.
2 간장과 액젓을 넣고 모자란 간은 소금으로 한다.
3 어묵을 넣고 충분히 끓으면 청양고추는 꺼낸다.
4 표고버섯은 윗면에 별 모양으로 칼집을 내서 먹기 직전에 끓여내고 쑥갓을 올린다.
5 후추를 뿌려 완성한다.

tip_

* 육수가 없다면 액젓과 양파를 사용해서 육수 맛을 낼 수 있어요.
* 어묵은 184쪽을 육수는 34쪽을 참고하세요.
* 어묵탕의 영양정보는 어묵을 포함한 정보예요.

1인분	칼로리	지방	단백질	총탄수화물	식이섬유	순탄수화물
	355	17.02	44.24	6.48	2.73	3.75

태국식새우커리

좋아요 48876개

#태국커리 #레드커리 #메프라님 #고수는못먹으니패스

흔히 먹는 커리는 전분 덩어리지만 태국 커리는 달라요. 이국적인 향이 부담스럽지 않아 처음 접한 사람도 먹을 수 있지요. 고수를 못 먹고 과한 향신료를 싫어하는 편이지만 태국 커리는 잘 먹어요.

ssskim_코코넛밀크 대체로 우유나 생크림, 아몬드브리즈를 넣어도 될까요?
by._.ahn_@ssskim 가능은 하겠지만 이국적인 맛이 나올지는 모르겠어요.

재료_1인분

레드커리 페이스트 25g(1/2), 양파 1/2개, 아스파라거스 2줄기, 그린빈 2~3개, 새우 4~5마리
코코넛밀크 2T, 액젓(피시소스) 1t, 커리파우더 약간, 카옌페퍼(선택), 라임 1/3개, 버터 10g
올리브오일 10ml, 물

만들기

1 올리브오일과 버터를 팬에 넣고 채 썬 양파를 볶아준다.
2 양파의 숨이 죽으면 아스파라거스와 그린빈을 넣어 함께 볶아준다.
3 레드커리 페이스트를 2에 넣어 함께 볶아준 후 코코넛밀크를 넣는다.
4 3이 충분히 익으면 커리파우더와 액젓을 넣고 물을 소량 추가해 농도와 간을 맞춘다.
5 그 위에 새우를 올리고 충분히 익힌다.
6 먹기 전에 라임즙을 뿌린다.

tip_

* 1번 과정에서 버터는 풍미를 올려주고 올리브오일을 같이 사용하여 금방 타는 것을 방지해요.
* 커리 페이스트는 메프라넘 커리를 사용했어요. 새우와 잘 어울리고 닭고기와도 잘 어울려요.
* 초록색 채소는 기호에 따라 추가해도 됩니다.
* 매운맛을 좋아하면 카옌페퍼를 추가하세요.

¤ 그린, 레드, 옐로우 커리의 차이점
레드 커리가 기본, 옐로우는 강황, 그린은 라임 껍질이 들어 있다.

1인분	칼로리	지방	단백질	총탄수화물	식이섬유	순탄수화물
	356	24.21	18.07	18.05	4.2	13.85

문어카르파치오

좋아요 39588개

#문어 #자숙문어 #문어숙회 #카르파치오 #이탈리아요리 #타우린

카르파치오는 매우 담백하고 상큼하게 즐길 수 있는 메뉴예요. 지방이 부족한 메뉴라 먹기 직전에 올리브오일을 듬뿍 뿌려 먹기도 해요.

재료_2인분

자숙문어 200g, 오이 1T, 토마토 1T, 딜허브 약간

드레싱: 레몬즙 2T, 화이트와인 2T, 올리브오일 1T, 소금, 후추

만들기

1 자숙문어를 한입 크기로 얇게 썬다.

2 오이와 토마토는 씨를 제거하고 0.4cm 크기로 자른다.

3 딜의 잎은 잘게 썬다.

4 올리브오일에 레몬즙을 조금씩 넣어주면서 유화시킨다.

5 4에 화이트와인, 소금, 후추를 넣어 드레싱을 완성한다.

6 문어와 드레싱을 섞어준다.

tip_

* 4번 과정에서 오일이 뭉치지 않고 레몬즙과 잘 어우러지도록 레몬즙을 조금씩 넣어주세요.
* 레몬은 차갑지 않은 상태에서 사용하세요.

올리브오일과 레몬즙의 유화

¤ 자숙

김으로 쪄서 익힌 것을 말한다.

1인분	칼로리	지방	단백질	총탄수화물	식이섬유	순탄수화물
	151	8.13	14.18	4.91	0.45	4.46

문어간장샐러드

좋아요 41833개

#문어 #자숙문어 #문어숙회 #타우린 #피로회복 #문어샐러드

간장과 들기름의 조합은 실패 확률이 적어요. 달래 대신 미나리나 제철 채소를 넣으면 제철의 건강한 맛을 즐길 수 있어요.

재료_2인분

자숙문어 250g, 청양고추 2개, 달래 5줄기

양념: 간장 0.5T, 고춧가루 0.5T, 에리스리톨 0.5T, 들기름 1T

만들기

1 자숙문어를 한입 크기로 얇게 썬다.

2 청양고추는 잘게 썰고 달래는 3cm 길이로 자른다.

3 문어에 간장, 고춧가루, 에리스리톨을 넣어 가볍게 버무린다.

4 청양고추와 달래를 넣고 숨이 죽지 않도록 섞고 들기름으로 마무리한다.

tip_

문어의 염도에 따라 간장의 양을 조절해 주세요.

1인분	칼로리	지방	단백질	총탄수화물	식이섬유	순탄수화물
	162.5	6.69	18.75	6.63	1.6	5.03

주꾸미볶음

좋아요 52388개

#주꾸미 #쌈무 #밥도둑이니밥숨겨 #스트레스해소 #매운맛

키토식을 시작한 이후로 스트레스 받는 일이 거의 없지만 그래도 내 맘 같지 않을 때가 있지요. 그럴 때는 매운 걸 먹으면 한방에 해소돼요. 주꾸미에서 물이 나오면 맛이 없으니 빠르게 볶아주세요.

재료_2인분

주꾸미 350g, 양파 1/4개, 당근 1/3개, 청양고추 2개, 대파 1/4대, 올리브오일 20ml, 깨(선택)
대장부소주 1T, 밀가루 1T

양념: 키토고추장 1T, 다진 마늘 0.5t, 생강즙 1T, 대장부소주 1T, 에리스리톨 1.5T, 간장 1T, 후추 약간
후 양념: 고춧가루 1T, 참기름(들기름)

만들기(전처리)

1 주꾸미는 머리를 뒤집어서 내장을 제거하고 눈과 입을 잘라준다.
2 1에 밀가루를 넣어 주물러서 빨판의 이물질을 깨끗하게 씻어준다.
3 대장부소주를 넣은 끓는 물에 살짝 데쳐준다.
4 체에 밭쳐 물기를 제거한다.

만들기(조리)

1 양파와 당근은 채 썰고 청양고추와 대파는 어슷 썬다.
2 양념 재료를 모두 섞어 준비한다.
3 팬에 오일을 두르고 채소를 모두 넣어 볶다가 양념을 넣는다.
4 채소가 어느 정도 익으면 주꾸미를 넣어 빠르게 볶고 불을 끈다.
5 고춧가루를 넣어 가볍게 섞어주고 참기름(들기름)을 넣어 마무리한다.

tip_

* 천사채 60g에 마요네즈 1.5T, 후추 약간 넣어서 매콤한 주꾸미와 함께 먹으면 맛있어요.
* 먹기 전에 깨를 뿌려 주세요.
* 쌈무는 262쪽을 참고하세요.

1인분	칼로리	지방	단백질	총탄수화물	식이섬유	순탄수화물
	252.5	15.99	17.27	10.95	3.45	7.5

조개와인찜

좋아요 51978개

#조개 #바지락 #홍합 #동죽 #백합 #조개요리 #조개찜 #화이트와인과어울려

해감만 되어 있다면 금방 만들 수 있어서 단호박수프나 양송이수프와 함께 먹으면 아주 든든해요. 와인 한잔 하고 싶을 때 딱이에요.

ssskim_냉동 해산물 믹스로 만들어도 괜찮을까요?

by._.ahn_@ssskim 냉동 해산물은 해동하는 과정에서 비린 향이 많아져요. 가지고 있는 것은 진한 향으로 덮을 수 있는 요리에 사용하고 신선한 조개로 사용하세요.

재료_1인분

바지락 30개, 마늘 2개, 양파 1/6개, 화이트와인 50ml, 페페론치노홀 4~5개, 올리브오일 20ml
소금, 후추, 천일염 0.5T, 송송 썬 쪽파 약간

만들기

1 바지락은 천일염을 넣어 해감한다.
2 마늘은 편 썰고 양파는 1cm 크기로 자른다.
3 팬에 오일을 두르고 마늘을 볶다가 양파를 넣어 반투명해질 때까지 볶는다.
4 바지락을 넣어 가볍게 볶은 후 화이트와인을 넣고 알코올을 날려준다.
5 페페론치노홀과 소금, 후추를 넣고 조개의 입이 모두 벌어질 때까지 끓여준다.
6 쪽파를 얹어 마무리한다.

tip_

바지락 대신 홍합 등 다른 조개를 사용해도 좋아요.

1인분	칼로리	지방	단백질	총탄수화물	식이섬유	순탄수화물
	236	19.39	10.45	4.54	0.4	4.14

부야베스

좋아요 69987개

#싱싱해물 #가리비 #바지락도좋아 #해물스튜 #지중해식해물탕

사프란을 넣은 어패류 수프지만 사프란 대신 타임이나 딜을 넣어 만들었어요. 어패류 수프이기 때문에 다양한 조개를 넣으면 맛이 풍부해져요. 그야말로 바다를 통째를 입속에 넣은 느낌이지요.

재료_2인분

새우 4마리, 가리비 6개, 토마토 1개, 마늘 2개, 셀러리 1/2줄기, 양파 1/2개, 딜 or 타임, 토마토퓌레 3T
버터 20g, 화이트와인 50ml, 소금, 후추, 파프리카파우더, 물 400ml

만들기

1 새우는 깨끗하게 씻어 놓고 가리비는 세척솔로 겉면을 닦아준다.
2 마늘은 편 썰고 셀러리와 양파는 작은 깍두기 크기로 자르고 토마토는 반으로 자른다.
3 냄비에 버터를 녹인 후 마늘을 볶는다.
4 마늘 향이 올라오면 양파를 넣어 볶고 반 정도 익으면 셀러리도 함께 볶아준다.
5 새우와 가리비를 넣어 가볍게 볶고 화이트와인을 넣어 알코올이 날아갈 때까지 끓인다.
6 토마토퓌레, 파프리카파우더, 소금, 후추, 물, 허브를 넣어 충분히 끓인다.
7 토마토를 2~4등분하여 냄비에 넣어 2~3분 정도 더 끓여낸다.

¤ 부야베스
사프란을 넣은 어패류 수프. 프랑스 마르세유 지방의 명물 요리이다.

1인분	칼로리	지방	단백질	총탄수화물	식이섬유	순탄수화물
	125.5	2.14	12.97	9.02	1.75	7.27

#아보카도
#전_파이_피자
#샐러드
#안식당
#일상의 저탄고지
#아이 러브 키토

아보카도에그보트

좋아요 73951개

#아보카도 #든든한한끼 #달걀톡 #식어도맛있어

키토식에서 아보카도와 달걀은 빠트릴 수 없는 고마운 식재료예요. 다른 재료가 없어도 이 두 가지만 있으면 간단하게 한 끼 식사를 해결할 수 있어요. 식어도 맛있고 든든해서 도시락으로도 좋아요.

ssskim_아보카도는 어떻게 보관을 하나요?

by._.ahn_@ssskim 후숙(껍질이 짙게 변하고 손으로 눌렀을 때 황도 복숭아 무르기 정도)이 시작되면 신문지나 키친타월로 하나씩 포장해요. 먼저 먹을 순서대로 번호를 적은 후 지퍼백에 넣어 신선칸에 보관해요.

재료_1인분

아보카도 1개(점보사이즈), 달걀 2개, 소금, 후추

만들기

1 아보카도를 반으로 가르고 씨를 제거한다.
2 씨를 제거한 부분을 숟가락으로 둥글게 도려낸다.
3 달걀을 깨서 2에 넣고 소금과 후추를 뿌려준다.
4 예열된 오븐 180도에 15분 굽는다.

tip_

* 잘게 썬 자투리 채소를 토핑해도 좋아요.
* 에어프라이어에도 가능해요.
* 밑면이 둥근 아보카도는 머핀틀을 뒤집어서 고정해요.

¤ 아보카도 주의사항

후숙이 덜 된 아보카도에는 퍼신이라는 독성 물질이 있어 알레르기를 일으킬 수 있으니 주의해야 한다. 특별한 증상이 없어도 1일 1개 미만으로 섭취하기를 권장한다.

1인분	칼로리	지방	단백질	총탄수화물	식이섬유	순탄수화물
	469	39.41	16.6	17.92	13.5	4.42

아보카도베이컨롤

좋아요 69355개

#아보카도 #베이컨 #돌돌말아 #프라이팬에굽기만하면끝

아보카도와 베이컨만 있다면 뚝딱 해낼 수 있을 만큼 쉽고 맛있는 요리예요. 간단하게 만들 수 있고 크리미한 아보카도와 짭조름한 베이컨의 맛이 조화로워요. 식어도 맛있어요.

ssskim_정말 쉽습니다. 오늘 점심은 이걸로 해결해야겠어요.
by._.ahn_@ssskim 네, 맛있게 드세요.

재료_1인분

아보카도 1개, 베이컨 4줄

만들기

1 후숙이 잘 된 아보카도는 씨를 제거하고 길게 4등분하여 껍질을 벗긴다.

2 베이컨은 아보카도에 돌돌 말아준다.

3 이음새 부분이 먼저 프라이팬에 닿게 하여 굽는다.

4 사면을 모두 노릇하게 구워 낸다.

tip_

* 베이컨이 불을 수 있도록 이음새 부분을 먼저 구워주세요.
* 사워크림을 얹은 어린잎이나 간단한 샐러드와 함께 먹으면 좋아요.

1인분	칼로리	지방	단백질	총탄수화물	식이섬유	순탄수화물
	809	75.43	44.77	18.73	13.5	5.23

아보카도노번버거

좋아요 63275개

#소고기다짐육 #한우 #노번버거 #오픈버거 #아보카도 #패티 #햄버거

소고기 패티와 아보카도가 만났으니 두말하면 잔소리겠지요. 스리라차소스가 느끼함을 잡아줘서 더욱 조화로운 맛이에요.

재료_1인분

소고기 다짐육 150g, 양파 1/8개, 갈릭파우더, 소금, 후추, 체더치즈 1장, 로메인 3장, 토마토 1/5개
양파1/5개, 아보카도 1/2개
소스: 마요네즈 1T, 스리라차 1T

만들기

1 양파는 채 썰어 갈색(카라멜라이징)이 날 때까지 버터를 넣어 충분히 볶아준다.
2 볶은 양파는 다져서 식힌 후 다짐육과 섞는다.
3 2에 소금, 후추, 갈릭파우더를 넣고 점성이 생기도록 치대준다.
4 고기를 둥글게 성형하고 공을 던지듯 양쪽 손으로 왔다 갔다 하면서 기포를 제거하며 찰기를 만들어 준다.
5 둥글고 납작하게 모양을 만들고 가운데를 살짝 눌러준다.
6 예열된 오븐 180도에 15~20분 굽는다.
7 꺼내기 직전에 체더치즈를 패티에 올려 30초간 오븐에 둔다.
8 양파와 토마토는 1cm 미만의 두께로 둥글게 슬라이스하고 양파는 팬에 구워준다.
9 마요네즈와 스리라차를 섞어서 소스를 준비한다.
10 아보카도는 적당한 크기로 슬라이스한다.
11 차례대로 조립해서 완성한다.

tip_

* 5번 과정에서 에어프라이어를 사용할 경우 중간에 한 번 뒤집어 주세요.
* 프라이팬에 익힐 때는 앞뒤 노릇하게 구운 후 물을 약간 넣고 뚜껑을 덮어 익혀요.

1인분	칼로리	지방	단백질	총탄수화물	식이섬유	순탄수화물
	708	57.7	33.27	16.81	8.1	8.71

돼지고기김치전

좋아요 56568개

#김치전 #돼지고기 #다짐육 #한돈 #비오는날단골메뉴 #막걸리대신소화가잘되는우유

전 종류는 라드나 버터에 굽는게 맛있어요. 너무 크면 뒤집기 힘드니 작게 만들어 먹는게 좋아요.

재료_2인분

배추김치 100g, 돼지고기 다짐육 200g, 모차렐라치즈 50g, 달걀 1개, 양파 1/8개
소금, 후추, 대장부소주 1T, 라드(버터) 30g

만들기

1 다짐육에 소금, 후추, 대장부소주를 넣어 밑간을 한다.
2 배추김치는 잘게 썰고 양파는 채 썬다.
3 볼에 모든 재료를 넣고 섞는다.
4 팬에 라드를 두르고 2회로 나누어 부쳐준다.

tip_

라드가 없다면 버터를 둘러 전을 부치면 버터의 풍미를 같이 느낄 수 있어요.

1인분	칼로리	지방	단백질	총탄수화물	식이섬유	순탄수화물
	531	42.26	32.21	3.94	0.8	3.14

부추전

좋아요 60511개

#부추전 #청양고추송송 #맛있게맵다 #밀가루대신아몬드가루

부추의 알싸함을 좋아한다면 부추전은 꼭 먹어 봐야 해요. 부족한 단백질은 취향에 맞는 해산물을 추가하면 돼요.

재료_2인분

부추 100g, 청양고추 2개, 아몬드가루 2T, 달걀 2개, 모차렐라치즈 50g, 소금, 후추, 오일(라드) 30g

만들기

1 손질한 부추는 4~5cm 길이로 자른다.
2 청양고추는 잘게 썰어준다.
3 재료를 모두 넣어 섞고 오일을 두른 팬에 노릇하게 부쳐준다.

tip_

* 아몬드가루는 점성이 없으니 모차렐라치즈로 점성을 대신해요. 기호에 따라 치즈를 더 넣어도 좋아요.
* 칼칼하게 매운맛을 원한다면 청양고추를 다져서 추가해 주세요.

1인분	칼로리	지방	단백질	총탄수화물	식이섬유	순탄수화물
	388.5	33.54	16.30	7.35	3.25	4.1

애호박새우전

좋아요 61876개

#애호박 #새우 #명절대비 #글루텐프리

애호박의 달큰함과 새우의 톡톡 터지는 식감이 재미있는 전이에요. 명절에 살아남기 위해(?) 미리 준비해 두면 증량의 후폭풍을 줄일 수 있어요.

ssskim_크고 얇게 부치고 싶은데 자꾸 찢어져요.
by._.ahn_@ssskim 키토식 전은 결착력이 약하기 때문에 넓게 부치기 힘들어요.

재료_3인분

애호박 1개, 양파 1/4개, 새우 150g, 청양고추 2개, 버터(라드) 40g, 홍고추

반죽: 아몬드가루 2T, 달걀 2개, 파르메산치즈 1T, 소금, 후추

만들기

1 애호박과 양파는 채 썰고 청양고추는 잘게 썰거나 다진다.

2 새우는 깨끗하게 씻은 후 1cm 크기로 자른다.

3 아몬드가루, 달걀, 파르메산치즈, 소금, 후추를 1과 2에 합쳐 섞는다.

4 버터를 녹이고 일정한 크기로 부치며 홍고추 한 조각씩 올려준다.

tip_

* 청양고추의 매운 맛을 원한다면 잘게 다져요.
* 새우의 씹히는 식감을 느끼려면 큼직하게 썰고, 조화롭게 먹고 싶다면 잘게 썰어서 넣어요.
* 3구 팬이나 4구 팬을 사용하면 동그란 모양으로 예쁘게 잘 부칠 수 있어요.
* 유튜브 동영상은 부추새우전이에요. 다양한 재료로 만들어 보세요.

1인분	칼로리	지방	단백질	총탄수화물	식이섬유	순탄수화물
	302	23.08	18.08	6.25	2.13	4.12

오코노미야키

좋아요 44569개

#오꼬노미야끼 #양배추요리 #오사카명물

아삭아삭한 양배추의 식감이 기분 좋아지는 오코노미야키입니다. 많은 분들이 일본의 오사카에 가면 꼭 먹게 되는 음식인데 집에서도 간단하게 해먹을 수 있어요. 전을 좋아하지 않지만 오코노미야키는 즐겨 먹어요.

ssskim_양배추 1/8이면 어느 정도예요?
by._.ahn_@ssskim 두손 모아 가득 정도예요.

재료_2인분

양배추 1/8, 아몬드가루 2T, 달걀 2개, 소금, 후추, 해산물(새우, 오징어), 베이컨(대패삼겹살)
가쓰오부시, 송송 썬 대파(쪽파), 마요네즈 15g, 버터 20g
소스: 토마토퓌레 2T, 간장 0.5T, 에리스리톨 0.5T, 코코넛아미노스 0.5t, 갈릭파우더

만들기

1 양배추는 가늘게 채 썰고, 해산물은 끓는 물에 살짝 데쳐준다.
2 소스 재료를 모두 팬에 넣고 잘 저어가며 약불로 졸여준다.
3 1에 아몬드가루, 달걀, 소금, 후추를 넣고 잘 섞어준다.
4 달군 팬에 버터를 녹인 후 3을 넣어주고 반죽 위에 베이컨을 적당히 얹어준다.
5 부침이 완성되면 소스를 바르고 마요네즈를 뿌린 후 가쓰오부시와 송송 썬 파를 올린다.

tip_

* 코코넛 아미노스 대신 일반 간장을 사용해도 되는데 간장은 염도가 높으니 양을 줄여서 사용해요.
* 해산물을 데칠 때 레몬즙이나 식초를 약간 넣으면 비린내를 일부 제거할 수 있어요.
* 소스의 농도가 너무 진하면 물 1~2스푼 추가해서 조절해 주세요.
* 마요네즈를 소량 먹을 때에는 시판 마요네즈도 괜찮지만 자주 먹거나 많은 양을 섭취할 경우 수제마요네즈나 제로베이커리의 올리브오일 마요네즈, 굿팻 클래식 올리브오일 마요네즈를 권해요.

¤ 아몬드가루
마카롱용으로 나온 100퍼센트 아몬드가루로 전분이 섞이지 않은 제품인지 확인한다.

1인분	칼로리	지방	단백질	총탄수화물	식이섬유	순탄수화물
	356	28.57	17.17	9.11	3.45	5.66

주키니치즈파이

좋아요 69135개

#주키니 #파이 #치즈듬뿍 #부드럽고담백해

프리타타와 비슷해 보이지만 밀도감이 높아서 포만감도 좋고 한 끼 식사로 충분해요. 부드럽고 담백한 맛이라 아이들 메뉴로도 손색 없어요.

ssskim_오븐이 없어서 못해먹어요ㅜㅜ
by._.ahn_@ssskim 오븐이 없다면 프라이팬의 뚜껑을 덮고 아주아주 약한불에 서서히 익히면 된답니다.

재료_2인분

양파 1/2개, 주키니(애호박) 2/3개, 양송이버섯 3~4개, 달걀 3개, 버터 20g
오레가노, 파슬리가루, 모차렐라치즈 150g, 소금, 후추

만들기

1 양파는 깍뚝 썰고, 양송이버섯과 주키니는 슬라이스로 준비한다.
2 팬에 버터를 두르고 양파 먼저 볶는다.
3 양파가 1/3정도 익으면 주키니와 양송이버섯을 넣고 같이 볶아준다.
4 볶은 채소는 커다란 볼에 옮겨둔다.
5 달걀 3개를 모두 풀어 4에 붓고 나머지 재료를 넣어 섞는다.
6 내열팬에 5을 담고 예열된 오븐 180도에 20~30분 구워준다.

tip_

* 매운맛을 원하면 타바스코 핫소스를 뿌려도 좋아요. 잘 어울리는 궁합입니다.
* 오레가노가 없다면 생략해도 괜찮아요. 이색적인 향과 맛을 느끼고 싶다면 넣기를 권해요.
* 주키니가 없다면 애호박으로 만들어요.

1인분	칼로리	지방	단백질	총탄수화물	식이섬유	순탄수화물
	357.5	24.88	25.67	7.6	1.1	6.5

주키니피자

좋아요 48287개

#주키니 #베이컨 #쫀득한식감 #타피오카

쫀득한 감자전이랑 비슷한 맛이 나요. 베이컨 대신 다짐육을 올려도 어울리고 막걸리가 생각나기 때문에 인내심이 필요해요.

ssskim_타피오카 먹어도 되는 건가요?

by._.ahn_@ssskim 달걀이 들어가지 않기 때문에 재료의 결착력이 필요해서 소량 넣었어요. GI지수가 낮아 당뇨인에게도 허용하는 식품이지만 개인차가 있으니 반드시 확인하고 드세요. 참고로 저는 식사 두 시간 후 혈당이 5상승했어요.

재료_2인분

주키니 1/3개, 양파 1/6, 베이컨 2장, 타피오카 전분 1T, 모차렐라치즈 100g, 올리브오일 1T
소금, 후추

만들기

1 주키니, 양파, 베이컨은 얇게 채 썬다.
2 채 썬 주키니와 양파에 소금과 후추를 넣고 가볍게 버무린다.
3 채소에서 어느 정도 수분이 나오면 타피오카 전분을 넣어 섞는다.
4 오일을 두른 팬에 부쳐준다.
5 그 위에 베이컨과 모차렐라치즈를 올린다.
6 예열된 오븐 190도에 7분 굽는다.

tip_

오븐이 없다면 아주 약한불에 팬을 올리고 뚜껑을 덮어 피자를 완성할 수 있어요. 물론 약간의 맛의 차이가 있습니다.

¤ 타피오카

열대작물인 카사바의 뿌리에서 채취한 식용 녹말이다. GI지수가 낮은 저항성 전분으로 체내 소화효소에 의해 잘 분해되지 않는다. 즉 식이섬유와 유사하게 작용한다.

1인분	칼로리	지방	단백질	총탄수화물	식이섬유	순탄수화물
	245	18.3	12.3	7.88	0.45	7.43

루꼴라피자

좋아요 62398개

#키토피자 #차전자피프리 #글루텐프리 #도우테두리맛있음 #치즈풍미좋아

팻헤드도우와 차전자피가 들어가는 베이스가 입맛에 맞지 않아 만들게 된 도우예요. 취향에 맞게 고르곤졸라나 스테이크를 토핑해도 맛있어요.

ssskim_코코넛가루 대신 동량의 아몬드가루로 대체해도 될까요?

by._.ahn_@ssskim 코코넛가루는 수분 흡수율이 높아 대체하려면 50g 정도 넣어야 비율이 맞아요. 그러니까 총 80g을 넣어 만들면 되겠죠.

재료_3인분

도우: 아몬드가루 100g, 코코넛가루 30g, 잔탄검 10g, 베이킹파우더 3g, 갈릭파우더 약간
소금 약간, 파슬리 플레이크, 달걀 1개, 물 70g

토마토소스: 토마토퓌레 3T, 토마토페이스트 1T, 소금, 후추, 에리스리톨 0.8T

토핑: 루꼴라 30g, 토마토 1/2개, 부라타치즈 3개, 모차렐라치즈 100g, 그라나파다노치즈 약간

도우 만들기

1 아몬드가루, 코코넛가루, 잔탄검, 베이킹파우더는 체에 밭쳐 거른다.
2 갈릭파우더, 소금, 파슬리 플레이크를 1에 넣고 골고루 섞어준다.
3 달걀과 물을 넣어 반죽을 뭉쳐준다.
4 종이 포일 2장을 사용하여 그 사이에 반죽을 넣어 팬 크기에 맞게 밀대로 밀어준다.
5 종이 포일 그대로 팬에 올리고 포크로 반죽 바닥을 콕콕 찔러 피케 자국을 내준다.
6 예열된 오븐 180도에 10분 구워준다.

만들기

1 토마토퓌레와 페이스트를 섞어 소스를 준비한다.
2 구운 도우 위에 토마토소스를 바른다.
3 모차렐라치즈를 덮어 예열된 오븐 160도에 15분 굽는다.
4 피자를 6등분한 후 루꼴라와 부라타치즈를 토핑한다.

tip_

4번 과정에서 종이 포일은 팬의 사이즈보다 1cm 크게 만들어 주세요.

¤ 잔탄검
식품의 점착성 및 점도를 증가시키고 유화안정성을 증진하며 식품의 물성 및 촉감을 향상시키기 위한 천연 식품첨가물이다.

1인분	칼로리	지방	단백질	총탄수화물	식이섬유	순탄수화물
	486.33	38.58	24.91	17.86	9.03	8.82

시저샐러드

좋아요 63011개

#가벼운한끼 #메추리알이포인트 #쿰쿰한감칠맛

주로 식전에 입맛을 돋우기 위한 샐러드지만 MCT오일로 만든 마요네즈를 사용하여 포만감이 있기 때문에 한 끼로 충분해요.

ssskim_안초비 대신 넣을 게 없을까요?
by._.ahn_@ssskim 당연히 있지요. 새우젓을 넣으면 돼요.

재료_1인분

미니로메인 1포기, 베이컨 1~2장, 삶은 달걀 1개(메추리알 3개), 그라나파다노치즈

드레싱: 마요네즈 70ml, 안초비 1마리, 다진 마늘 0.5t, 레몬 1/8개, 후추

만들기

1 베이컨은 1cm 크기로 잘라 마른 팬에 구워준다.

2 안초비는 잘게 다져서 마요네즈, 다진마늘, 레몬즙, 후추를 넣어 드레싱을 만든다.

3 미니로메인 한 포기는 4등분하고 그 위에 드레싱을 올린다.

4 구운 베이컨과 슬라이스한 삶은 달걀이나 메추리알 프라이를 3에 올려준다.

5 그라나파다노치즈를 뿌려서 마무리한다.

tip_

* 시저샐러드의 감칠맛은 안초비 담당이라 해도 과언이 아니에요.
* 안초비로 인해 드레싱이 짜다면 샐러드에 조금만 올려 주세요.

¤ 시저샐러드

잎채소 샐러드로 크루통, 로메인상추, 파르메산치즈 등에 올리브유, 레몬즙, 마늘, 우스터소스, 후추를 사용하여 드레싱으로 만들어 버무린 음식인데 1924년 멕시코에서 시저 카디니에 의해 개발된 것으로 알려졌다고 전해진다.

¤ 안초비

지중해나 유럽의 바다에서 나는 멸치류의 작은 물고기를 절여 만든 젓갈이다. 우리나라의 멸치젓과는 풍미가 다르고 감칠맛이 좋은데 기호에 따라 새우젓으로 대체해도 된다.

1인분	칼로리	지방	단백질	총탄수화물	식이섬유	순탄수화물
	629	60.27	15.78	13.2	9.5	3.7

치킨텐더샐러드

좋아요 61157개

#아웃백 #허니머스터드 #추억돋는샐러드

저의 외식 기억은 아웃백에서 멈춰버렸나 봐요. 어릴 적 친구들과 자주 가서 먹던 샐러드라 가끔 생각이 나요.

ssskim_치차론 대신 넣을 수 있는 재료도 알려주세요.
by._.ahn_@ssskim 코코넛 슬라이스(입자가 굵은 타입)를 사용해도 좋아요.

재료_2인분

닭가슴살 140g, 소금, 후추, 샐러드 채소, 방울토마토 4개, 아보카도오일

반죽: 아몬드가루 30g, 아보카도오일 15g, 달걀 1개, 타피오카 전분 1t, 치차론 50g

드레싱: 머스터드 1.5T, 마요네즈 1T, 헤비크림 1T, 알룰로스 0.5T, 레몬즙 1t, 후추 약간

만들기

1 닭가슴살은 소금과 후추로 밑간을 해둔다.

2 아몬드가루와 아보카도오일을 섞은 후 달걀과 타피오카 전분을 넣어 반죽을 만든다.

3 치차론은 지퍼팩에 담아 밀대로 두들겨 튀김가루를 만든다.

4 반죽을 묻히고 치차론 튀김가루를 덮은 후 오일에 튀겨준다.

5 드레싱은 재료를 모두 섞어 준비한다.

6 취향에 맞게 샐러드 채소를 준비하고 텐더를 적당한 크기로 잘라 드레싱을 뿌려 먹는다.

tip_

치차론은 반죽에 섞지 않고 튀김옷으로 만들어 반죽에 묻혀주세요.

¤ 치차론

돼지껍데기를 라드유에 튀긴 과자

1인분	칼로리	지방	단백질	총탄수화물	식이섬유	순탄수화물
	521.5	37.59	39.67	10.12	5.05	5.07

얌운센

좋아요 47998개

#새콤달콤매콤 #누들샐러드 #타이푸드

키토식은 대체적으로 무겁기 때문에 얌운센처럼 상큼한 사이드 디시로 조화로운 식단을 완성할 수 있어요. 태국식 열무냉면 느낌이 나요.

ssskim_새우 없이 누들로 만들어 고기랑 먹으면 맛있을 것 같아요.
by._.ahn_@ssskim 저도 소고기 구워서 같이 먹어봤는데 냉면 같아서 잘 어울리더라고요.

재료_1인분

실곤약 200g, 오이 1/3개, 새우 5마리, 토마토 1/2개, 호두 약간, 청양고추 1개, 홍고추 1개

양념: 다진마늘 0.5t, 액젓 0.5T, 레몬즙 2T, 알룰로스 0.5T

들기

1 실곤약은 정제수를 제거한 후 식초 1~2방울 넣은 물에 담가 두었다가 헹구고 체에 받쳐둔다.

2 오이와 토마토는 씨를 제거한 후 채 썰고, 고추는 얇고 둥글게 썬다.

3 새우는 끓는 물에 데친 후 찬물에 씻어 물기를 제거한다.

4 양념을 모두 섞어 재료와 함께 버무려준다.

5 호두를 올려 완성한다.

tip_

* 녹두당면 대신 실곤약으로 만든 샐러드로 면요리예요.

* 라임즙 대신 레몬즙을 넣었어요.

¤ 얌운센

얌운센은 쫄깃한 녹두당면과 여러 가지 재료가 어우러진 타이 누들 샐러드로 얌은 '시다', 운센은 '녹두당면'이다. 라임즙의 새콤한 맛, 설탕의 달콤한 맛, 고추의 매콤한 맛이 어우러져 입맛을 돋우는 면요리다.

1인분	칼로리	지방	단백질	총탄수화물	식이섬유	순탄수화물
	185	4.35	18.95	22.34	5.5	16.84

멜란자네

좋아요 53368개

#가지요리 #이태리요리 #모차렐라

이태리어로 가지를 뜻하는 '멜란자네' 요리예요. 오븐에 구워 내는 간편한 요리인데 가지, 치즈, 토마토 이 세가지의 조합은 언제나 맛있는 것 같아요.

ssskim_일반 모차렐라를 사용하고 싶은데 팁좀 주세요.

by._.ahn_@ssskim 모차렐라치즈가 슈레드 타입이라 가지로 말기 어려우니 가지 필러를 십자 모양으로 두고 4면을 접어 포켓 형태로 만들면 돼요.

재료_1인분

가지 1/2개, 스트링치즈 3개, 파슬리, 올리브오일 15ml

소스: 양파 1/6개, 베이컨 2장, 토마토퓌레 140g, 소금, 후추, 파슬리 플레이크

만들기

1 가지는 필러를 이용해 길고 얇게 슬라이스하고 마른팬에 굽는다.

2 스트링치즈는 3개 분량이 나올 수 있도록 잘라 가지에 돌돌 말아준다.

3 오일을 두른 팬에 양파와 베이컨을 잘게 썰어 볶은 후 토마토퓌레를 넣는다.

4 3에 소금, 후추, 파슬리 플레이크를 넣어 소스를 마무리한다.

5 오븐용 볼에 토마토소스를 넣고 가지롤을 올려준다.

6 예열된 오븐 180도에 15분 굽는다.

tip_

원래는 모차렐라치즈와 파르메산치즈를 사용하는데 여기서는 스트링치즈를 사용했어요.

¤ 멜란자네

이탈리아 캄파니아주와 시칠리아에서 기원한 음식으로 알려졌다. 이 요리에 사용되는 치즈는 파르메산 치즈와 모차렐라로 파르메산 〈parmigiano〉 치즈에서 파르미자나(parmigiana)라는 명칭이 생겼다. 북미권에는 이 영향을 받아 가지 대신 닭가슴살을 활용한 치킨 파르미자나(chicken parmigiana)라는 요리가 있다.

¤ 스트링치즈

비숙성 치즈의 일종으로 모차렐라 치즈로 만들며, 실처럼 찢어지는 것이 특징이다. 그 때문인지 찢어먹는 치즈라는 애칭이 붙었다.

1인분	칼로리	지방	단백질	총탄수화물	식이섬유	순탄수화물
	531	37.36	26.17	26.13	13	13.13

월남쌈

좋아요 61391개

#채소듬뿍 #햄대신김도좋아 #땅콩소스 #와사비장 #명란마요 #모두맛있음

먹어도먹어도 끊임없이 들어가는 한 끼 식사예요. 땅콩소스 대신 명란마요를 만들어 먹어도 맛이 기막혀요. 가볍게 먹고 싶다면 햄 대신 김에 싸서 먹어도 괜찮아요.

재료_2인분

슬라이스햄 100g, 새우 5마리, 아보카도 1/2개, 방울토마토 5개, 깻잎 5~6장, 오이 1/3개
피망 1/3개, 빨간파프리카 1/3개, 주황파프리카 1/3개, 양파 1/3개, 대장부소주 1T
소스: 땅콩버터 1T, 마요네즈 1T, 간장 0.5T, 대장부소주 0.5T, 알룰로스 0.5T, 머스터드 0.5T
깨 0.5T

만들기

1 슬라이스햄은 끓는 물에 데쳐준다.
2 대장부소주 1T를 넣은 물에 새우를 삶고 찬물에 씻어 넓게 2등분한다.
3 씨가 포함된 채소는 씨를 제거한 후 모두 채 썰고 방울토마토는 2등분한다.
4 소스 재료를 모두 섞고 깨는 으깨서 넣어준다.
5 라이스페이퍼 대신 햄으로 감싸서 먹는다.

tip_

* 햄이 부족하거나 부담스럽다면 김을 싸 먹어도 맛있어요.
* 땅콩버터 대신 아몬드가루 1T, 으깬호두 0.5T를 넣어서 소스를 만들 수 있어요.

¤ 월남쌈
베트남의 대표적인 음식의 하나. 채 썬 고기, 새우, 갖은 채소 따위를 따뜻한 물에 적신 라이스페이퍼에 싼 후 여러 가지 소스에 찍어 먹는다.

1인분	칼로리	지방	단백질	총탄수화물	식이섬유	순탄수화물
	370	25.88	24.53	15.52	6.95	8.57

더티키토

키토인 사이에서 말하는 더티키토는
탄수화물, 단백질, 지방의 비율을 유지하되 엄격하게 지키는 방법은 아니다.
다시 말해 키토제닉 허용 식재료에서 크게 벗어나지는 않지만
가공육과 가공식품, 감미료 등을 허용하므로
여기에는 패스트푸드나 편의점 음식도 해당할 수 있다.
순탄수량이 100g 정도면 더티키토로 구분하기도 한다.
정석키토 혹은 클린키토의 반대라고 생각하면 쉽다.
완벽한 식단을 유지하기 힘든 사람들이 많이 선택하는 방법이기도 하다.
그러다 보니 당을 대체할 수 있는 천연감미료 섭취에 조금 관대한 편이며
키토식의 비율만 맞출 수 있다면 제한 없이 허용하기도 한다.
키토식 초기에 당이나 탄수화물을 단번에 끊기 어려운 사람들이 주로 더티키토로 입문하지만
가능하다면 초반에는 클린키토로 시작하기를 권장한다.
어느 정도 감량을 하고 나서 건강과 적정 체중을 잘 유지하는 사람들은
무분별하게 치팅하지 않고
그때그때 먹고 싶은 음식을 소량 먹는 방법으로 더티키토를 선택하기도 한다.

#더티키토

#참을수없는치팅의유혹

#다이어트할때가장먹고싶어

#안식당

#일상의 저탄고지

#아이 러브 키토

갈레트

좋아요 63281개

#프랑스디저트 #루꼴라듬뿍 #브런치 #락토프리 #배아프지않은우유 #소화가잘되는우유

프랑스 브르타뉴 지방에서 유래한 팬케이크 형태의 빵과자예요. 고기, 어류, 치즈, 샐러드, 슬라이스 햄, 계란 등을 곁들여 먹어요. 저는 루꼴라의 향을 좋아해서 듬뿍 넣어 먹는답니다.

ssskim_어차피 더티키토인데 밀가루를 사용하면 안 되나요?

by_.ahn_@ssskim 글루텐 불내증이 없다면 물론 가능해요. 아시아인에게 많이 발생한다고 하니 특별한 증상이 없다면 대체해도 괜찮아요.

재료_2인분

크레페: 락토프리우유 150ml, 쌀가루 50g, 달걀 1개, 소금, 에리스리톨 10g, 녹인 버터 15g

토핑: 달걀 2개, 베이컨 2장, 루꼴라 10~20g, 발사믹비네거 1T, 발사믹글레이즈 1T, 그라나파다노치즈

기타: 버터 10g

만들기

1 베이컨은 4등분하고 팬에 구워준다.

2 크레페 재료를 모두 넣고 뭉치지 않도록 풀어준다.

3 팬에 버터 10g을 두르고 2의 반죽을 얇게 둘러준다.

4 약불로 타지 않게 굽고 바닥면이 노릇해지면 달걀을 깨서 중앙에 올리고 베이컨도 올려준다.

5 크레페의 네 귀퉁이를 접어 네모 모양으로 만들고 달걀흰자가 다 익으면 접시에 담아 낸다.

6 루꼴라를 토핑하고 발사믹글레이즈와 발사믹비네거를 섞어 뿌려준다.

7 그라나파다노치즈를 올려 완성한다.

tip_

크레페 만들기가 어렵다면 토르티야 한 장 정도 허용해 보세요.

¤ 갈레트

프랑스에서 식사 후 디저트로 애용하는 달콤한 빵과자다.

1인분	칼로리	지방	단백질	총탄수화물	식이섬유	순탄수화물
	415.5	27.71	16.66	23.44	0.5	22.94

부대찌개

좋아요 67132개

#진한육수 #더티아닐수도있음 #보글보글

소시지와 햄 선택만 잘 한다면 더티키토의 오명을 벗을 수 있는 메뉴이기도 하죠. 구매처 정보 참고해서 맛있게 만들어 드세요.

재료_2인분

배추김치 200g, 스팸 1개, 소시지 2줄, 양파 1/4개, 대파 1/3대, 청양고추 2개, 표고버섯 1개
천사채 당면 100g, 체더치즈 1장, 사골육수 400ml
양념장: 키토고추장 0.5T, 간장 1T, 다진마늘 1t, 후추 약간, 고춧가루 1T

만들기

1 소시지와 햄은 먹기 좋은 크기로 잘라 끓는 물에 살짝 데쳐준다.
2 양념장은 재료를 모두 섞어 미리 만들어 둔다.
3 대파와 고추는 어슷 썰고 양파는 채 썰고 버섯은 슬라이스한다.
4 배추김치는 적당한 크기로 잘라 준비한다.
5 냄비에 모든 재료를 담고 사골육수를 넣고 끓인다.

tip_

* 김치의 염도에 따라 양념장을 가감해요.
* 사골농축액을 사용하면 3포에 물 400ml를 넣어주세요.
* 키토고추장은 26쪽을 참고하세요.

1인분	칼로리	지방	단백질	총탄수화물	식이섬유	순탄수화물
	382.5	24.83	26.2	17.55	4.5	13.05

짜장면

좋아요 79846개

#남녀노소불문호메뉴 #검은유혹 #더티키토식

분말 짜장이 아니면 만들기 어렵다고 생각하는데 절대 그렇지 않아요. 천사채 당면을 넣어 키토식으로 만들어 보세요. 먹고 싶었던 갈증이 해소될 거예요.

ssskim_마트에 가면 춘장은 있나요?
by._.ahn_@ssskim 네네. 하지만 짜장분말이 아닌 춘장으로 구입하세요. 글루텐프리 쌀춘장도 있으니 참고하세요.

재료_1인분

춘장 20g, 돼지고기 100g, 양파 1/4개, 주키니 50g, 대파 약간, 천사채 당면 200g, 간장 0.5T
에리스리톨 1T, 달걀 1개(선택), 오이(선택), 올리브오일(라드, 아보카도오일) 30ml

만들기

1 팬에 오일을 두르고 춘장을 볶아둔다.
2 돼지고기와 양파, 주키니는 1cm 크기로 자르고 대파는 잘게 썬다.
3 웍에 오일을 두르고 돼지고기를 볶다가 기름이 나오면 대파를 넣는다.
4 대파가 충분히 익으면 간장을 넣어 눌려준다.
5 양파와 주키니를 넣고 함께 볶다가 70% 정도 익으면 1의 춘장을 넣어 볶는다.
6 에리스리톨을 넣어 마무리한다.
7 천사채 당면은 마른팬에 볶아 수분을 날려준다.
8 천사채 당면을 그릇에 담고 짜장소스를 위에 올린다.

tip_

* 평소 당분 없이 식단을 했거나 단맛이 싫다면 굳이 에리스리톨을 넣지 않아도 됩니다. 양파만으로도 단맛이 충분해요.
* 면이 싫다면 곤약밥으로 대신해 짜장밥으로 먹어도 좋아요.
* 달걀은 각자 취향에 따라 프라이하고 오이는 채 썰어 올려요.
* 천사채 당면은 77쪽을 참고하세요.

¤ 춘장
콩을 발효해서 만든 중국식 된장. 짜장을 만들 때 사용하는 검은색의 장이다.

1인분	칼로리	지방	단백질	총탄수화물	식이섬유	순탄수화물
	616	48.47	27.9	16.94	3.1	13.84

김마끼

좋아요 49972개

#더티키토 #단무지는만들어요 #밥없는마끼

클린키토만 지향하다 어느 순간 치팅을 할 때도 조심하게 되었어요. 처음엔 치팅의 의미를 제대로 파악하지 못했던 거죠. 크래미 대신 달걀 지단으로 바꾸면 조금 더 클린해져요.

ssskim_치팅 때 주로 무엇을 드시나요?

by._.ahn_@ssskim 치팅은 탄수화물을 마음껏 먹어도 되는 날이라고 잘못 정해버렸고 혈당 스파이크로 제 몸은 더 힘들어지더라고요. 더티한 재료가 포함되어 있어도 먹고 싶었던 음식을 최대한 정제해서 먹고 있어요.

재료_1인분

김밥김 2장, 크래미 70g, 키토단무지 1줄, 배추김치 30g, 적양배추 20g, 무순 약간, 루꼴라 15g
날치알 4t, 에리스리톨 0.5t, 올리브오일 10ml, 대장부소주

만들기

1 김은 2등분한다.
2 크래미는 끓는 물에 데쳐 찬물에 담가두었다가 물기를 제거하고 4등분한다.
3 날치알은 대장부소주에 담가 두었다가 체에 밭쳐 물기를 제거한다.
4 김치를 잘게 썰어 오일과 에리스리톨을 넣고 수분을 날리듯 볶아준다.
5 단무지는 길쭉하게 4등분하고 양배추는 채 썬다.
6 김을 가로로 길게 두고 재료를 차례로 올린 후 고깔 모양으로 말아준다.
7 취향에 따라 마요네즈를 추가해서 먹는다.

tip_

* 더티키토라 하여 시판 식재료를 무조건 허용하지 않는 게 좋아요. 단무지를 만들어 보면 꽤 쉽답니다.
* 채소 들의 수분을 최대한 제거해야 김이 눅눅하지 않아요.
* 단무지는 262쪽을 참고하세요.

1인분	칼로리	지방	단백질	총탄수화물	식이섬유	순탄수화물
	183	10.11	11.17	13.73	2	11.73

떡볶이

좋아요 69132개

#떡볶이 #면볶이 #치즈볶이 #달걀으깨서찹찹

다이어트 중 가장 먹고 싶은 메뉴 중 1, 2위를 다투는 음식이 떡볶이지요. 떡을 대신할 수 있는 재료는 없지만 라이트 스트링치즈가 가장 식감이 비슷해요. 일일 탄수 섭취량이 충분하다면 곤약현미떡을 활용해 보세요.

ssskim_곤약현미떡의 탄수 함량은 어떻게 되나요?
by._.ahn_@ssskim 80g당 식이섬유를 제외하면 순탄수 25g이에요.

재료_1인분

어묵 70g, 라이트 스트링치즈 3개, 대파 1/5대, 삶은 달걀 1개, 깻잎 4장, 천사채 당면 100g

양념: 키토고추장 1T, 육수 100ml, 물 100ml, 에리스리톨 1.5T, 간장 1T, 후추 약간

만들기

1 육수와 물을 끓여준다.

2 물이 끓으면 양념 재료를 모두 넣는다.

3 대파는 어슷 썰고 어묵은 한입 크기로 잘라 넣고 한소끔 끓인다.

4 천사채 당면을 넣어 양념이 스며들게 한다.

5 스트링치즈, 삶은 달걀, 깻잎은 먹기 직전에 토핑한다.

tip_

* 소스의 걸쭉함이 아쉽다면 타피오카 전분을 조금 넣어보세요.
  키토고추장은 26쪽을 참고하세요.
* 육수는 34쪽을 참고하세요.
* 천사채 당면은 77쪽을 참고하세요.

1인분	칼로리	지방	단백질	총탄수화물	식이섬유	순탄수화물
	362	16.12	36.27	19.93	2.5	17.43

미니핫도그

좋아요 61329개

#핫도그 #분식집단골메뉴 #폭신폭신 #부드러운핫도그

초등학교 앞 분식집의 핫도그는 두꺼운 밀가루 반죽에 새끼손가락보다 작은 소시지가 전부였는데 왜 그리 맛있었나 몰라요. 심지어 소시지도 밀가루 덩어리잖아요. 이 핫도그는 폭신하고 부드러워요.

ssskim_달걀 냄새가 너무 많이 나용ㅠㅠ 머랭 때문에 부풀었다가 다시 쪼글쪼글해져용^^

by._.ahn_@ssskim 기름 온도가 낮아서 쪼글해진 것 같아요. 저온에서 튀기면 기름을 너무 많이 먹어 무게 때문에 그럴 수 있어요. 기름에 반죽을 넣었을 때 3초 내에 떠올라야 가장 적당한 온도입니다. 그리고 하루가 지나도 모양을 유지해야 정상이에요. 달걀 냄새는 신선도 문제인 것 같아요. 맛있게 못 드신 것 같아 속상해요.

재료_2인분

미니소시지 4개, 달걀(특란) 1개, 물 1T, 쌀가루 1T, 에리스리톨 1t, 아보카도오일 150ml

만들기

1 소시지를 꼬치에 꽂는다.
2 계란은 흰자와 노른자를 분리한다.
3 노른자를 풀고 물, 에리스리톨, 쌀가루를 넣어 섞는다.
4 흰자는 휘핑해서 머랭을 최대한 올려준다.
5 머랭이 무너지지 않게 3과 함께 섞는다.
6 소시지에 쌀가루를 코팅한 후 반죽옷을 입혀 튀겨준다.

tip_

* 키토에서 쌀가루를 허용하지는 않아요. 소시지의 첨가물은 끓는 물에 데쳐주세요.
* 3번 과정에서 커스터드 크림의 질감을 확인하세요.
* 6번 과정에서 프라이팬을 기울여서 사용하면 기름의 양을 줄일 수 있어요.

1인분	칼로리	지방	단백질	총탄수화물	식이섬유	순탄수화물
	414	33.55	15.15	11.96	0.2	11.94

#사이드디시

#곁들임

#느끼함을잡아줘

#안식당

#일상의 저탄고지

#아이 러브 키토

코울슬로

좋아요 53296개

#KFC #코울슬로 #고급버전

KFC 코울슬로 다들 아시죠? 양이 너무 적어서 아쉬웠는데 이젠 마음껏 먹을 수 있어요. 뿐만 아니라 더욱 더 건강하고 고급스러운 맛을 즐길 수 있을 거예요.

재료_

양배추 1/6개(500ml 컵에 가득), 당근 1/3개, 양파 1/3개, 빨간파프리카 1/3개, 노란파프리카 1/3개
마요네즈 5T, 홀그레인 머스터드 2T, 애플사이다비네거 2T, 에리스리톨 2T, 소금, 후추

만들기

1 양배추, 파프리카, 양파를 사방 1cm로 썰어서 준비한다.
2 당근은 사방 0.3cm로 작게 썬다.
3 양파는 찬물에 소금 1/3t를 넣고 5분 정도 담가 아린맛을 제거한다.
4 썰어둔 채소를 모두 볼에 담고 소금 1.5~2t 뿌려 뒤적여준다.
5 양파의 물기를 제거한 후 4에 합친다.
6 마요네즈, 홀그레인머스터드, 애플사이다비네거, 에리스리톨, 후추를 넣어 버무려준다.

tip_

* 4번 과정에서 물이 생기면 물을 제거하고 만들어요.
* 크런치 머스터드를 넣으면 재미있는 식감을 즐길 수 있어요.

전체	칼로리	지방	단백질	총탄수화물	식이섬유	순탄수화물
	445	43.21	4.67	16.83	6.1	10.73

토마토마리네이드

좋아요 61358개

#방울토마토 #올리브오일 #발사믹비네거 #농약성분깜놀

올리브오일과 발사믹식초가 어우러지면 정말 맛있어요. 개인적으로 가장 좋아하는 드레싱 중 하나예요. 식사 대용으로 올리브오일을 듬뿍 뿌려서 먹기도 해요.

재료_

방울토마토 30개, 양파 1/4개, 발사믹비네거 3T, 올리브오일 3T, 소금, 후추

만들기

1 양파는 0.5cm 크기로 썬다.

2 방울토마토는 크기에 따라 2~3등분 해준다.

3 1과 2를 볼에 담고 발사믹비네거와 올리브오일을 넣는다.

4 소금과 후추를 살짝 뿌려 가볍게 섞어준다.

tip_

* 2일 내로 섭취해주세요.
* 칼슘파우더에 토마토를 담가 농약성분을 제거해 주세요.

전체	칼로리	지방	단백질	총탄수화물	식이섬유	순탄수화물
	360	28.93	4.65	25.76	6.3	19.46

토마토살사

좋아요 51967개

#토마토 #로즈메리 #굿스멜

새콤한 맛이 일품인 토마토살사는 사이드 메뉴로 아주 훌륭해요. 어떤 요리에도 잘 어울려요.

재료_

토마토 1개, 양파 1/4개, 소금, 후추, 애플사이다비네거 1T, 로즈메리 1줄기

만들기

1 토마토 씨 부분을 제거하고 사방 1cm 크기로 자른다.

2 양파는 토마토와 같은 크기로 자른다.

3 로즈메리는 잎을 하나씩 뜯어둔다.

4 소금과 후추, 애플사이다비네거를 넣고 섞어준다.

tip_

* 올리브오일을 추가해도 좋아요.
* 2일 내로 섭취하기를 권해요.

전체	칼로리	지방	단백질	총탄수화물	식이섬유	순탄수화물
	28	0.26	1.21	6.24	1.7	4.54

사우워클라우트

좋아요 63487개

#양배추 #숙성 #발효 #슈바인스학세에곁들임 #독일김치 #유산균폭발

독일식 백김치라고 해도 맞겠죠? 독일식 족발인 슈바인스학세에 곁들이면 아주 훌륭한 조합을 이루어요. 짜장면을 먹을 때 곁들여도 맛있어요.

재료_

양배추 500g, 천일염 13g, 에리스리톨 5g(선택)

만들기

1 양배추는 1cm 두께로 채 썬다.

2 소금을 넣고 버무린다.

3 양배추의 숨이 충분히 죽으면 열탕 소독된 용기에 꾹꾹 눌러 담는다.

4 그늘진 상온에 2~3일 두고 발효시킨다.

tip_

* 에리스리톨을 사용할 경우 2번 과정에서 넣으세요.
* 핑크솔트에는 미네랄 성분이 많아 절임에 사용하면 쉽게 물러요.

	칼로리	지방	단백질	총탄수화물	식이섬유	순탄수화물
전체	120	0.6	7.2	27.9	11.5	16.4

피클

좋아요 72687개

#피클 #저장음식 #키토피클 #흰양배추도괜찮아

한 병 가득 만들어 두면 오랫동안 요긴하게 먹을 수 있어요. 재료의 아삭함을 그대로 살리는 방법이니 꼭 만들어 보세요.

재료_

오이 2개, 적양배추 200g

절임물: 애플사이다비네거 100g, 에리스리톨 60g, 물 50g, 소금 7g, 피클링스파이스 1T

만들기

1 오이는 씨를 제거하고 먹기 좋은 크기로 잘라준다.
2 양배추는 심지 부분으로 준비하고 오이와 비슷한 크기로 잘라준다.
3 절임물에 들어갈 재료를 모두 섞고 깊은 팬(웍)에 담는다.
4 오이와 양배추를 그 위에 올린다.
5 센 불에 함께 끓여주고 물이 끓기 시작하면 30초 후에 불을 끈다.
6 열탕소독한 용기에 담아 열이 식은 후 바로 냉장 보관한다.

tip_

* 하루 지나고 먹을 수 있어요.
* 에리스리톨은 잘 녹지 않으니 미리 녹여주세요.

전체	칼로리	지방	단백질	총탄수화물	식이섬유	순탄수화물
	152	0.98	6.77	36.59	7.2	29.36

오이절임

좋아요 64912개

#깔끔 #얇게썰기힘들어 #레시피는쉬워 #먹는건더쉽고

오이절임은 초간단 레시피의 끝판왕이에요. 그냥 썰어서 소금에 절여 꼭 짜면 끝이에요. 입안을 깔끔하게 정리해 주기 때문에 만족할 거예요.

재료_

오이 2개, 천일염 0.5T

만들기

1 오이는 얇게 슬라이스한다.

2 소금을 넣고 골고루 섞어 30분 이상 절여준다.

3 찬물에 헹궈 물기를 꼭 짜준다.

tip_

* 얇게 슬라이스했기 때문에 맛이 짤 수 있어요. 그럴 땐 여러 번 씻어주면 됩니다.
* 핑크솔트는 권하지 않아요. 반드시 천일염을 사용해 주세요.

	칼로리	지방	단백질	총탄수화물	식이섬유	순탄수화물
전체	90	0.66	3.91	21.85	3	18.85

단무지·쌈무·치킨무

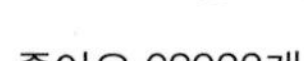

좋아요 68922개

#단무지 #치킨무 #쌈무 #세가지를동시에 #같은레시피다른느낌

닭요리를 먹거나 면요리를 먹을 때 단무지 하나면 다른 게 필요 없어요. 치킨에는 깍둑 썬 치킨무, 맵고 칼칼한 주꾸미볶음이나 제육볶음에는 얇고 동그란 쌈무, 김밥이나 마끼에는 강황으로 물들인 단무지를 사용하면 돼요.

재료_

무 1/5개, 천일염 1t, 애플사이다비네거 4T, 알룰로스 3T, 강황가루 1t(단무지용)

만들기

1 용도에 맞게 무를 잘라준다.
2 소금이 한 곳에 뭉치지 않도록 뿌려 절여준다.
3 애플사이다비네거와 알룰로스를 섞은 후 넣어준다.
4 냉장 보관 후 하루 지나고 섭취한다.
5 단무지는 하루 뒤 강황가루를 넣어 색을 입혀준다.

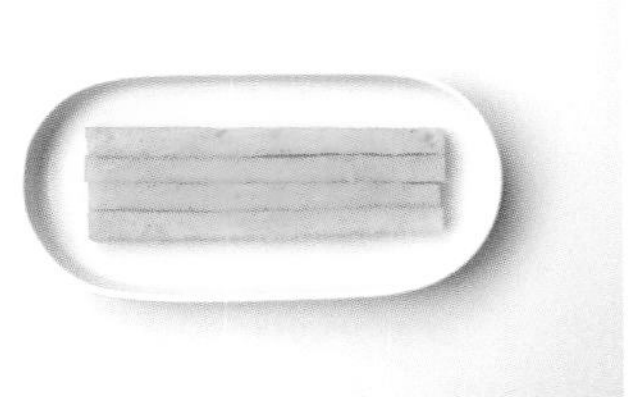

tip_

2번 과정에서 치킨무는 물기가 약간 나올 때까지 절이고, 쌈무와 단무지는 물기가 흥건하게 나올 때까지 절여 주세요.

전체	칼로리	지방	단백질	총탄수화물	식이섬유	순탄수화물
	54	0.3	2.04	31.8	24.9	6.9

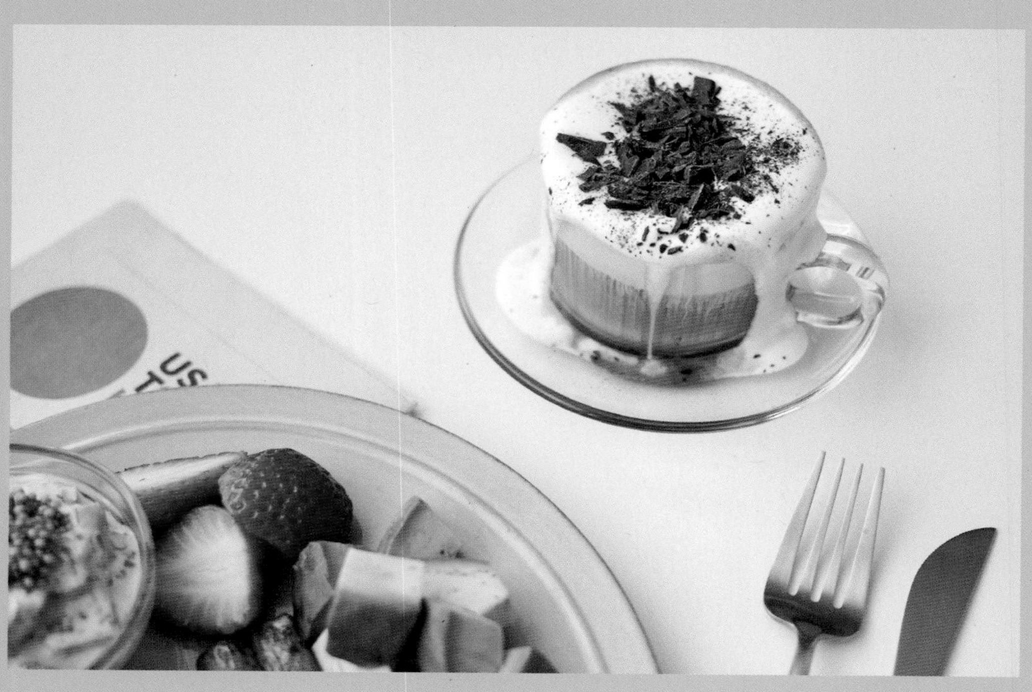

#홈카페

#카페놀이

#디저트_주전부리

#안다방

#일상의 저탄고지

#아이 러브 키토

팬케이크

좋아요 59497개

#글루텐프리 #키토팬케이크 #매일유업 #고품격정통휘핑크림 #상하슬로우버터

밀가루 없이도 폭신하게 만드는 레시피에요. 일반 팬케이크보다 훨씬 건강하고 맛있어요. 코코넛요거트를 토핑해도 잘 어울려요.

ssskim_굽기 귀찮아서 에어프라이어에 돌렸는데 겉만 익고 실패했어요. 반죽이 묽을수록 에어프라이어는 잘 듣지 않는 것 같습니다.
by._.ahn_@ssskim 팬에 구우면 금방 익는데 아까워요.

재료_

헤비크림 100ml, 달걀 2개, 아몬드가루 60g, 에리스리톨 1t, 베이킹파우더 1t
바닐라익스트랙 약간, 버터 10g

만들기

1 버터를 제외한 모든 재료를 섞어준다.
2 팬을 달구고 버터를 얇게 발라준다.
3 약불에 반죽을 3~4회 분량으로 나누어 올려준다.
4 기포가 터지면 뒤집어준다.

tip_

* 1번 과정에서 가루가 뭉치지 않도록 핸드휘핑기를 사용하여 저어주세요.
* 먹을 때는 버터나 생크림, 과일 등을 토핑해요.
* 토핑용 휘핑크림의 당도는 10%로 만들어 주세요(크림 100ml+에리스리톨 10g).

전체	칼로리	지방	단백질	총탄수화물	식이섬유	순탄수화물
	922	85.78	27.09	15.38	6.9	8.48

아몬드바비큐

좋아요 43218개

#아몬드 #견과류 #비비큐맛 #맥주를부르는맛 #간식

호르몬에 지배되면 하루 종일 입이 심심해요. 그럴 때 간식으로 먹기 좋아요.

재료_

아몬드 120g, 코코넛오일 1T, 파프리카가루 0.5t, 양파가루 0.5t, 카옌페퍼 0.5t, 소금 약간

만들기

1 모든 재료를 넣어 섞어준다.

2 예열된 오븐 150도에 5~10분 굽는다.

3 조리 중간에 한 번씩 섞어준다.

¤ 카옌페퍼
생칠리를 말려 가루를 내어 만든 허브의 일종으로 매운맛이 강하다.

전체	칼로리	지방	단백질	총탄수화물	식이섬유	순탄수화물
	833	74.79	25.98	25.73	14.5	11.23

캐러멜

좋아요 63611개

#말랑한스카치캔디 #실온보관불가능 #입막템 #매일휘핑크림 #상하목장버터

달콤하면서 고소한 캐러멜이에요. 냉장고에 넣어두고 하나씩 꺼내먹는 재미가 쏠쏠해요.

재료_

버터 150g, 헤비크림 300g, 에리스리톨 70g, 소금 약간, 바닐라익스트랙, 에스프레소 1샷

만들기

1 냄비에 버터를 넣고 약불로 녹여준다.
2 버터가 녹으면 헤비크림과 에리스리톨, 소금, 바닐라익스트랙을 넣는다.
3 기포가 생기지 않고 바닥이 타지 않게 계속 저으면서 졸이듯이 끓여준다.
4 뭉텅이로 떨어지는 질감이 되면 기호에 맞게 에스프레소를 넣고 다시 졸인다.
5 종이 포일을 깐 사각팬에 캐러멜을 붓고 냉장고에서 굳혀준다.
6 알맞게 잘라 개별포장하고 냉장 보관한다.

전체	칼로리	지방	단백질	총탄수화물	식이섬유	순탄수화물
	2201	237	7.05	9.75	0	9.75

스콘

좋아요 76891개

#아몬드스콘 #진짜고소함 #키토스콘 #깨끗한원유100%생크림으로만든버터

짭짤하면서도 고소한 스콘이에요. 간편한 도시락으로도 좋고 제 경우 점심 대용으로 먹었는데 감량했어요.

ssskim_혹시 생크림 대신 락토프리우유를 넣어도 될까요?
by._.ahn_@ssskim 네. 가능해요. 반죽 질감이 나오지 않는다면 가루를 더 추가하면 돼요

재료_

아몬드가루 150g, 버터 30g, 헤비크림 20g, 에리스리톨 5g, 달걀 1개, 소금 1g, 베이킹파우더 3g

만들기

1 모든 재료는 상온에 1시간 이상 두고 달걀은 흰자와 노른자를 분리한다.
2 버터를 포마드 상태로 만들고 헤비크림을 섞어준 후 노른자도 잘 섞어준다.
3 에리스리톨과 소금을 2에 섞어 녹여준다.
4 아몬드가루와 베이킹파우더를 체친 후 #모양으로 그어 날가루가 없어질 때까지 저어준다.
5 비닐에 반죽을 꾹꾹 눌러 담아 1시간 이상 냉장 보관한다.
6 냉장 보관된 반죽은 원하는 모양으로 자르고 남은 흰자는 윗면에 발라준다.
7 예열된 오븐 170도에 20~30분 구워준다.

tip_

일주일 정도 냉장 보관 가능해요. 그 이후까지 섭취하려면 냉동 보관을 권해요.

¤ 포마드
고체의 버터를 부드럽게 풀어서 마요네즈 질감으로 만든 상태

전체	칼로리	지방	단백질	총탄수화물	식이섬유	순탄수화물
	1215	111.28	38.01	30.03	17.3	12.73

푸딩

좋아요 65912개

#푸딩 #락토프리우유 #소화가잘되는우유 #매일유업 #우유푸딩

요샌 편의점에만 가도 전문점의 푸딩만큼 맛있는 푸딩을 살 수 있지만 집에서도 그 이상의 건강한 푸딩을 만들 수 있어요. 첨가물이 들어가지 않은 순수 푸딩의 맛을 느껴보세요.

재료_

달걀노른자 2개, 락토프리우유 400ml, 에리스리톨 30g, 젤라틴가루 6g, 물 30ml

만들기

1 푸딩용기는 열탕 소독한다.
2 젤라틴가루에 물을 부어 불려준다.
3 달걀노른자를 풀고 우유 100ml를 섞어준다.
4 냄비에 우유 300ml와 에리스리톨과 불려둔 젤라틴을 넣어 약불로 데워준다.
5 4가 손으로 만질 수 있을 정도로 식으면 3과 섞어준다.
6 체에 걸러준다.
7 용기에 담아 4~5시간 냉장 보관한다.

tip_

* 4번 과정에서 우유가 끓으면 안 되고 에리스리톨과 젤라틴이 잘 녹을 정도로만 데워요.
* 레몬커드를 만들어 레이어하면 상큼한 레몬푸딩이 돼요.

전체	칼로리	지방	단백질	총탄수화물	식이섬유	순탄수화물
	360	23.02	22.79	15.22	0	15.22

코코넛요거트

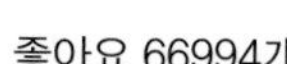

좋아요 66994개

#코코넛 #요거트 #고소해 #계절따라다른과일 #베리류만토핑

서벗처럼 얼려 먹어도 맛있는 코코넛요거트예요. 팬케이크에 발라 먹어도 맛있어요.

재료_

기본: 코코넛밀크 1000ml, 프로바이오틱스 500억 이상 2알

1회용: 코코넛요거트 100ml, 딸기 1개, 블루베리 6개

만들기

1 코코넛밀크 1000ml를 열탕 소독한 용기에 담아준다.

2 프로바이오틱스 2알(가루)을 넣어 섞는다.

3 거즈를 덮어 고무줄로 묶어주고 그늘진 상온에 24시간 이상 둔다.

4 새콤한 향이 올라오면 완성이다.

tip_

* 2번 과정에서 프로바이오틱스의 캡슐은 버리고 가루만 사용해요.
* 3번 과정은 계절에 따라 달라요.

	칼로리	지방	단백질	총탄수화물	식이섬유	순탄수화물
전체	182	18.07	0.14	5.1	0.4	4.7

아보카도스무디

좋아요 69155개

#스무디 #아보카도 #아몬드브리즈 #프리미엄아몬드 #소화가잘되는우유 #매일유업 #포만감최고

아몬드브리즈나 락토프리우유로 스무디를 만들어 먹으면 맛도 담백하고 크리미한 아보카도의 느낌을 즐길 수 있어요.

재료_1회분

아보카도 1/2개, 아몬드브리즈 언스위트190ml(or 락토프리 우유), 소금, 감미료(선택)

만들기

1 모든 재료를 넣고 믹서에 갈아준다.

2 감미료는 기호에 따라 선택한다.

3 시원하게 먹고 싶다면 얼음 3~4조각을 추가해서 함께 갈아준다.

tip_

냉동 아보카도를 이용해도 좋아요.

1회분	칼로리	지방	단백질	총탄수화물	식이섬유	순탄수화물
	196	16.83	3.21	11.57	6.7	4.87

카푸치노

좋아요 71002개

#길라임 #현빈은어디에있나 #쫀득한우유거품 #배아프지않은락토프리우유

풍성한 우유거품을 즐길 수 있는 커피에요. 라떼와 비슷하지만 부드럽고 진한 맛이 특징이에요.

재료_1회분

커피 220ml(룽고 2샷), 락토프리우유 190ml, 시나몬파우더(선택)

만들기

1 500ml 용기에 우유를 담는다.
2 전자레인지에 1분 돌려준다.
3 휴대용 거품기로 풍성한 우유 거품이 생길 때까지 저어준다.
4 우유 거품을 커피 위에 담아준다.
5 거품화되지 않은 우유는 거품 위로 따라준다.
6 취향에 따라 시나몬파우더를 추가해서 즐긴다.

tip_

밀크포머를 사용하면 좀 더 쉽게 거품을 만들 수 있어요.

1회분	칼로리	지방	단백질	총탄수화물	식이섬유	순탄수화물
	122	6.56	6.04	6.78	0	6.78

더티커피

좋아요 59531개

#아인슈페너 #비엔나커피 #초콜릿토핑

아인슈페너 커피에 초콜릿을 토핑해 지저분하게 연출한 커피예요. 초콜릿의 오도독 씹히는 식감이 더해져 재미있어요.

재료_1회분

커피 110ml (룽고 1샷), 헤비크림 150ml(실제 섭취 양 100ml), 에리스리톨 15g
카카오 90% 이상 초콜릿 5g

만들기

1 헤비크림에 에리스리톨을 넣고 휘핑해준다.
2 크림은 60% 정도 공기 포집을 해준다.
3 초콜릿은 칼로 채 썬다.
4 커피를 담고 휘핑한 크림을 가득 담는다.
5 그 위에 채 썬 초콜릿을 올려주면 자연스럽게 크림이 넘쳐 연출된다.

tip_

* 2번 과정에서 크림이 주르륵 흐르지만 굵게 떨어지는 느낌으로 질감은 페인트와 비슷해요.
* 취향에 맞는 초콜릿을 토핑하면 색다른 맛이 나요.

1회분	칼로리	지방	단백질	총탄수화물	식이섬유	순탄수화물
	405	40.8	2.6	3.6	0	3.6

아인슈페너_민트

좋아요 58112개

#커피 #오스트리아커피 #비주얼좀보소 #비엔나커피 #민트오일

커피 사이로 크림 거미줄이 주르륵 흘러 내린다면 휘핑이 잘 된 거예요. 민트슈페너는 뒷맛이 깔끔해서 좋아요.

재료_1회분

커피 110ml (룽고 1샷), 얼음, 헤비크림 150ml(실제 섭취 양 100ml), 에리스리톨 15g
민트오일 2~3방울

만들기

1 헤비크림에 에리스리톨을 넣고 휘핑해준다.
2 크림은 60% 정도 공기 포집을 해준다.
3 민트오일을 2~3방울 넣고 섞는다.
4 컵에 얼음을 90% 담고 커피를 넣어준다.
5 커피 위에 크림을 담아 낸다.

tip_

* 민트오일은 무색이며 연출을 위해 색소를 첨가했어요.
* 2번 과정에서 크림이 주르륵 흐르지만 굵게 떨어지는 느낌으로 질감은 페인트와 비슷합니다.

¤ 아인슈페너

오스트리아의 커피 음료로 크림을 올린 커피다. 비엔나 커피의 한 종류이고, 독일어로 원래 말 한 마리가 끄는 마차를 뜻한다.

1회분	칼로리	지방	단백질	총탄수화물	식이섬유	순탄수화물
	375	38	2	3	0	3

자몽에이드

좋아요 69251개

#자몽청 #시트러스 #소중한과일 #탄산수는생명수

키토 초반에는 허용된 과일도 제한해야 해서 너무 힘들었어요. 과일이 먹고 싶은 나머지 레몬 과육을 발라서 먹었었죠. 시트러스 계열의 과일은 일부 허용되지만 많이 먹으면 안 돼요.

재료_1회분(350ml)

자몽 과육 2T, 얼음, 알룰로스 5~10g, 탄산수, 감미료

만들기

1 자몽은 껍질을 제거하고 과육만 발라낸다.
2 자몽의 당도가 부족하다면 과육 대비 당도 10%의 감미료를 섞어 자몽청을 만들어준다.
3 자몽 과육을 컵에 담고 얼음을 가득 담는다.
4 탄산수는 컵의 90% 정도 채워준다.
5 취향에 따라 알룰로스 5~10g을 넣어준다.

1회분	칼로리	지방	단백질	총탄수화물	식이섬유	순탄수화물
	11	0.03	0.19	6.2	3.7	2.32

하이볼

좋아요 70023개

#하이볼 #산토리위스키 #보드카 #진 #주탄고지

술을 좋아하지 않았다면 몸무게가 10kg은 덜 나가지 않았을까 싶어요. 하하. 허용된 술도 황금비율로 맛있게 마셔요. 치얼스!! 친친!!

재료_1회분(350ml)

얼음, 탄산수, 레몬 1/2개, 알룰로스 5g, 산토리위스키 40ml

만들기

1 컵에 얼음을 가득 채운다.
2 탄산수는 컵의 70% 정도 채운다.
3 레몬은 꼭 짜서 즙을 만들거나 시판 레몬즙을 넣는다.
4 위스키 40ml를 넣는다.
5 알룰로스 5g을 넣고 잘 섞어 마신다.

tip_

위스키뿐 아니라 진이나 보드카 등을 이용해서 만들어도 됩니다.

1회분	칼로리	지방	단백질	총탄수화물	식이섬유	순탄수화물
	114	0.09	0.32	6.34	4.2	2.14

치즈김샌드

좋아요 63857개

#부담스럽지않은안주 #한번먹으면계속먹게됨 #중독간식 #중독안주

김 한 장과 고다슬라이스 치즈 두 장이면 간식으로, 술안주로 아주 좋아요. 새우깡보다 더 손이 가기 때문에 절대 김 한 장으로 끝나지는 않아요.

재료_

고다치즈 2장, 조미되지 않은 김 1장

만들기

1 김은 8등분한다.

2 고다치즈는 4등분한다.

3 김 사이에 고다치즈를 넣어 접는다.

tip_

하이볼에 곁들이면 좋아요. 배부르지만 간단한 안주가 필요할 때 추천해요.

전체	칼로리	지방	단백질	총탄수화물	식이섬유	순탄수화물
	135	10	9	2.2	0	2.2

치즈튀일

좋아요 69624개

#치즈과자 #치즈스낵 #치즈누룽지

치즈를 눌려서 만든 튀일은 생김새도 꼭 누룽지 같아요. 맛도 식감도 아주 좋아요.

재료_

그라나파다노치즈 40g, 파슬리 플레이크 약간

만들기

1 코팅팬에 치즈를 그레이터로 갈아서 올려준다.

2 파슬리를 위에 뿌려 약불에서 구워준다.

3 서서히 브라운색으로 변하고 전체적으로 색이 나면 완성이다.

tip_

* 2번 과정에서 치즈가 녹으면 투명한 상태로 변하고 수분이 날아가면 반투명하게 변해요.
* 베이컨을 잘게 썰어 볶은 후 파슬리와 함께 올려줘도 좋아요.

전체	칼로리	지방	단백질	총탄수화물	식이섬유	순탄수화물
	158	11.62	13.26	0.13	0.1	0.12

인생은 결국 맛있게 먹고사는 일
그래서 한우가 우리 곁에 있습니다
"인생, 맛있어진다"
우리 한우
한우 유명한 곳
한우 홍보대사 남궁민
한우자조금
전국한우협회
농림축산식품부
NH 농협
축산기업중앙회